Photoshop
CG 角色绘制
技法精解

CGWANG动漫教育 编著

图书在版编目（CIP）数据

Photoshop CG角色绘制技法精解 / CGWANG动漫教育
编著. -- 北京：人民邮电出版社，2014.11（2019.1重印）
ISBN 978-7-115-36708-2

Ⅰ．①P… Ⅱ．①C… Ⅲ．①图象处理软件 Ⅳ．
①TP391.41

中国版本图书馆CIP数据核字(2014)第228236号

内 容 提 要

本书详细讲解了使用 Photoshop 进行插画、原画绘制和创作的完整流程，全面展示了 CG 绘画的构图、设计、细化的知识和技巧。

全书共 13 章，分别介绍了 CG 插画的发展和应用范围及现今常用的主流绘画软件的基本操作、透视构图的原理、人体躯干的骨骼及肌肉分布等基础知识。同时，结合案例讲解了男性人体肌肉力量感的表现、女性人体柔美动态的绘制技巧、女性头像的绘制要点和技巧、游戏角色的设计思路及完整的绘制技巧、人型怪物的设计要点和绘制技巧、异型怪物的设计要点和绘制技巧、虫型机械飞船的设计思路和绘制技法、人型机械的设计思路及绘制技法、室外动物卡通插画和室内外人物卡通插画的场景布置及绘制技法。

本书配套的 DVD 光盘包含了书中案例的源文件、参考图片、加速课堂视频文件及完整的教学视频。视频时长 28 小时，深入讲解了各步骤的操作细节和技巧。

本书适合广大 CG 绘画初学者和 CG 游戏制作从业者阅读，也可作为大中专院校动漫专业的学习教材。

◆ 编　　著　　CGWANG 动漫教育
　　责任编辑　　张丹阳
　　责任印制　　程彦红

◆ 人民邮电出版社出版发行　　北京市丰台区成寿寺路 11 号
　　邮编　100164　　电子邮件　315@ptpress.com.cn
　　网址　http://www.ptpress.com.cn
　　北京虎彩文化传播有限公司印刷

◆ 开本：787×1092　1/16
　　印张：15.25
　　字数：524 千字　　　　　　　　2014 年 11 月第 1 版
　　印数：7 201 - 7 700 册　　　　2019 年 1 月北京第 6 次印刷

定价：79.00 元（附光盘）

读者服务热线：(010)81055410　印装质量热线：(010)81055316
反盗版热线：(010)81055315
广告经营许可证：京东工商广登字 20170147 号

Photoshop CG 角色绘制技法精解
CGWANG 课堂系列

丛书编委会

总编 Editor-in-Chief	王康慧 Wang Kanghui	
执行主编 Executive Editor	源东方 Yuan Dongfang	
视频作者 Video author	劳柏峰 Lao Bofeng	丁若芳 Ding Ruofang
	聂琦 Nie Qi	余家达 Yu Jiada
	傅秋成 Fu Qiucheng	王帅 Wang Shuai
文稿编辑 Editor	曾忆 Zeng Yi	
多媒体编辑 Multimedia Editor	曾忆 Zeng Yi	
出版策划 Publishing-Planning	CGWANG 编辑部 Editorial Department	
网络推广 Internet Marketing	CGWANG 网站部 Website Department	

本书中所有的源文件以及教学视频均出自老师制作案例，仅限于读者学习使用，不得用于商业及其他盈利用途，违者必究！

v. Snail 13.1.25

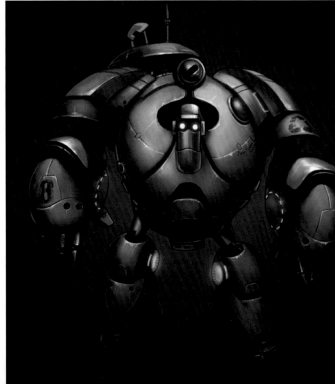

前言

计算机图形学（Computer Graphics，CG）是一种使用数学算法将二维或三维图形转化为计算机显示器的栅格形式的科学。CG 通常指的是数码化的作品，一般服务于以下几种行业：广告、影视、动画、漫画和游戏业。内容是纯艺术创作到广告设计，可以是二维或三维、静止或动画。随着以计算机为主要工具进行视觉设计和生产的一系列相关产业的形成，现在 CG 的概念正随着应用领域的拓展在不断扩大。如今的 CG 一词，既包括技术也包括艺术，几乎囊括了当今计算机时代中所有的视觉艺术创作活动，如平面印刷品的设计、网页设计、三维动画、影视特效、多媒体技术、以计算机辅助设计为主的建筑设计及工业造型设计等。

在 CGWANG 网站（www.cgwang.com）上提供了相关的信息介绍，包括 CG 作品、CG 课堂教程、CG 论坛、CG 招聘等。

随着游戏、动漫产业的迅猛发展，优秀技术人才数量远远满足不了公司开发新产品的需求，为了推动和普及 CG 领域中三维影视与游戏技术的应用，我们还出版了《3ds Max 高级角色建模：美女篇》《ZBrush/3ds Max 次世代游戏角色制作全解析》《ZBrush 数字人体雕刻精解》等图书。

CG 插画是 20 世纪 80 年代后，由于计算机技术的迅速发展，带动了影视、动漫和游戏为代表的数字内容产业的扩张，美术作品也以更加丰富的形式拓展到了更多的领域，出现了以营利为目的的 CG 商业插画。CG 虽然是一个新兴产业，它的应用范围却非常广，发展空间也很大。

随着计算机技术的普及与发展，现代商业美术插画已经很少用纸、笔、颜料等传统工具和材料来绘制，取而代之的是计算机软件，而绘制出来的插画便有一个新的名称，叫作 CG 插画。与传统插画相比，CG 插画就是利用计算机完成的插画作品。相较于传统插画，CG 插画不仅缩短了绘图周期，提高了绘图效率，也满足了快节奏、多需求的现代设计市场。这本书正是由 CGWANG 动漫培训机构的原画、插画组的课堂绘画讲解实例所编辑整理而成的，介绍并巩固了包括人体结构在内的非常重要的美术基础，传授了行业内资深人士的绘画技巧。无论是刚接触 CG 绘画的新人，还是已经从事相关工作的 CG 业内人士，《Photoshop CG 角色绘制技法精解》都是值得您仔细揣摩的教材图书。

本书通过对人体、怪兽、机械、卡通的绘制讲解，阐述了 Photoshop 的应用和 CG 绘画的各项要领。本书共分为 13 章，结构合理，条理清晰，讲解详细到位，希望将 Photoshop 的软件应用和绘画技法准确无误地传达给读者。

随书附带 DVD 多媒体教学光盘，全程视频讲解，总时长达到约 45 小时。

如果读者在阅读本书的过程中遇到问题，可以登录 CGWANG 网站（http://www.cgwang.com）的论坛提出问题，将会有 CGWANG 老师为您解答。我们的客服 QQ 号码是 8675701。

在学习本书之前，请确保您的计算机已安装 Photoshop 3 以上版本软件。

目 录

第 3 篇　怪物设计篇　093

第 08 章　异型六足怪的绘制——异型怪物设计演示

第四篇　机械设计篇　143

第 09 章　甲虫型飞船的绘制——虫型机械设计演示

第 10 章　铁拳机械人和滑翔翼机械人的绘制——人型机械设计演示

第5篇 卡通插画篇 187

第11章 丛林小吉他手——卡通插画设计演示（一）

第12章 巴士走起——卡通插画设计演示（二）

第13章 橱柜的秘密——卡通插画设计演示（三）

视频目录

本书视频总长超过32小时，内容涵盖本书中所有的绘画案例。视频课程将为读者详细讲解各种形象的绘制技法，既有人体、怪物、机械等体型上的区别绘制，也有卡通插画等类型区别上的绘制技法。

第04章　男性人体肌肉和女性柔美人体的表现——人体绘制过程演示

本章视频讲解了男性人体和女性人体的画法，男性人体主要掌握肌肉的展现，而女性人体主要表现出柔美和精致。不论哪种人体，身材比例是很重要的，因此，掌握人体基本结构比例是人体绘画的关键，视频时长02:37:46。

4.2.1 男性人体肌肉外轮廓的绘制
男性人体肌肉的展现1.mp4

4.2.2 男性人体肌肉的结构与明暗绘制
男性人体肌肉的展现2.mp4

4.2.3 男性人体肌肉的细化过程
男性人体肌肉的展现3.mp4

4.4.1 女性柔美人体外轮廓的绘制
女性柔美人体的表现1.mp4

4.4.2 女性柔美人体的明暗绘制
女性柔美人体的表现2.mp4

4.4.3 女性柔美人体的细化过程
女性柔美人体的表现3.mp4

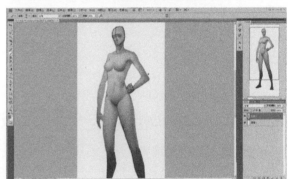

第05章　女性头像的绘制要点——头像设计演示

本章视频结合人体头部结构和五官比例详细讲解了女性头像的绘制，视频时长02:14:20。

5.3.1 女性头像五官的绘制
女性头像的绘制要点1.mp4

5.3.2 女性头像明暗的绘制
女性头像的绘制要点2.mp4

5.3.3 女性头像整体的细化过程
女性头像的绘制要点3.mp4

第06章 刺客角色的绘制——角色概念设计演示

本章视频针对角色的服饰和造型设计进行讲解，其中涉及人体结构和头部面部五官的绘制，视频时长01:11:31。

6.3.1 刺客角色线稿的绘制
刺客角色的绘制1.mp4

6.3.2 刺客角色明暗的绘制
刺客角色的绘制2.mp4

6.3.3 刺客角色的细化过程
刺客角色的绘制3.mp4

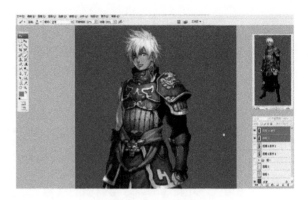

第07章 双头拟人怪和铁爪拟人怪的绘制——人型怪物设计演示

本章视频讲解了两个人型怪物的画法，先对人型怪物的体型进行设计，再给其添加怪物的特征元素，视频时长05:37:27。

7.2.1 双头拟人怪外轮廓设计与线稿的绘制
双头拟人怪设计1.mp4

7.2.2 双头拟人怪明暗的绘制
双头拟人怪设计2.mp4

7.2.3 双头拟人怪整体的细化过程
双头拟人怪设计3.mp4

7.4.1 铁爪拟人怪外形设定与线稿的绘制
铁爪拟人怪设计1.mp4

7.4.2 铁爪拟人怪明暗的表现手法
铁爪拟人怪设计2.mp4

7.4.3 铁爪拟人怪的细化过程
铁爪拟人怪设计3.mp4

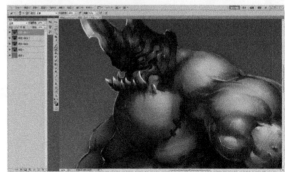

第08章 异型六足怪的绘制——异型怪物设计演示

本章视频讲解了异型怪物的画法，首先设计怪物的体型，再设计怪物身上的饰物，最后对其进行填色细化，视频时长02:08:52。

8.2.1 异型六足怪的设计与线稿绘制过程

异型六足怪的绘制1.mp4

8.2.2 异型六足怪明暗的绘制

异型六足怪的绘制2.mp4

8.2.3 异型六足怪精度的细化

异型六足怪的绘制3.mp4

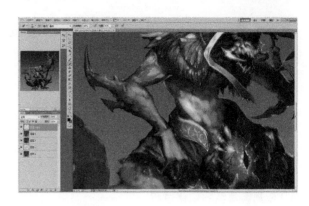

第 09 章 甲虫型飞船的绘制——虫型机械设计演示

本章视频讲解了机械类甲虫型飞船的绘制，强调了金属质感的表现技法，视频时长01:31:06。

9.2.1 甲虫型飞船外轮廓的设计与线稿的绘制

甲虫型飞船的绘制1.mp4

9.2.2 甲虫型飞船明暗的绘制

甲虫型飞船的绘制2.mp4

9.2.3 甲虫型飞船材质的细化过程

甲虫型飞船的绘制3.mp4

第 10 章 铁拳机械人和滑翔翼机械人的绘制——人型机械设计

本章视频讲解了两个不同外形的人型机械的绘制过程，结合人体特征以及机械的金属特征是本章的要点，视频时长04:38:01。

10.2.1 铁拳机械人外轮廓设计与线稿的绘制

铁拳机械人的绘制1.mp4

10.2.2 铁拳机械人明暗的绘制

铁拳机械人的绘制2.mp4

10.2.3 铁拳机械人内部细节的精细刻画

铁拳机械人的绘制3.mp4

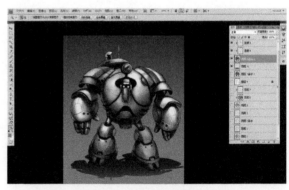

10.4.1 滑翔翼机械人造型设计与线稿的绘制

滑翔翼机械人的绘制1.mp4

10.4.2 滑翔翼机械人明暗的表现

滑翔翼机械人的绘制2.mp4

10.4.3 滑翔翼机械人金属材质的细化

滑翔翼机械人的绘制3.mp4

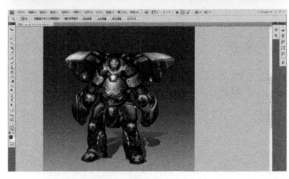

第 11 章 丛林小吉他手——卡通插画设计演示（一）

本章视频讲解了室外场景卡通插画的画法，首先讲解了场景和人物的布景比例，再讲解插画的一些技法，视频时长03:14:26。

11.2.1 丛林小吉他手的整体布景与设计
丛林小吉他手1.mp4

11.2.2 丛林小吉他手的细化过程
丛林小吉他手2.mp4

11.2.3 丛林小吉他手画面的调整
丛林小吉他手3.mp4

第 12 章 巴士走起——卡通插画设计演示（二）

本章视频讲解了室外场景人物的卡通插画的画法，从整体布景深入到技法，视频时长02:16:26。

12.2.1 巴士走起背景与人物的设计
巴士走起1.mp4

12.2.2 巴士走起外轮廓的修整及明暗表达
巴士走起2.mp4

12.2.3 巴士走起的细化过程
巴士走起3.mp4

第 13 章 橱柜的秘密——卡通插画设计演示（三）

本章视频讲解了室内场景人物的卡通插画的画法，在表现空间层次感的同时讲解了绘制技法，视频时长01:27:31。

13.2.1 橱柜的秘密初稿的设计
橱柜的秘密1.mp4

13.2.2 橱柜的秘密画面的修整与明暗绘制
橱柜的秘密2.mp4

13.2.3 橱柜的秘密细化过程
橱柜的秘密3.mp4

光盘使用说明

本书附带DVD教学光盘，光盘中的内容包括书中所有章节的案例源文件、参考图和教学视频。

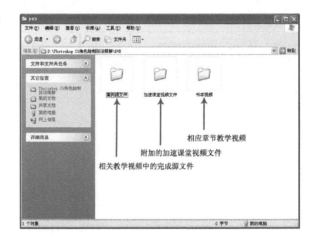

相应章节教学视频

附加的加速课堂视频文件

相关教学视频中的完成源文件

原画案例源文件

在光盘中的案例源文件的文件夹中，放置着书中所有案例的源文件。原画案例源文件一共分为两个部分，主要是原画案例格式文件和案例贴图文件，以及案例贴图素材文件，在Photoshop软件中单击【文件】>【打开】按钮就可以打开源文件。

教学视频

在配套的光盘中配有相应章节案例教学视频，全部视频的格式为MP4格式，用视频播放器打开即可。

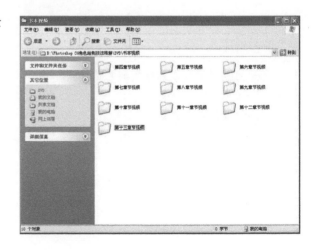

声明

本书中所有的源文件以及教学视频均出自老师制作案例，仅限于读者学习使用，不得用于商业及其他营利用途，违者必究！读者可以登录CGWANG的官网论坛、CGWANG百度贴吧或添加企业QQ（800019294）寻求专业的技术支持。

第 1 篇　基础知识篇

第 01 章　CG 插画简介以及绘画软件介绍

在学习绘画技法之前，我们首先需要了解 CG 插画的概念和未来发展趋势，了解绘图软件的基本应用，以及概括性地了解与巩固美术的基础知识点，为系统性地学习 CG 插画奠定坚实的基础。

1.1 什么是CG插画

　　至今为止，插画已经有非常悠久的历史，最早可以追溯到19世纪初，是随着报刊、图书的变迁发展而来的。CG插画是20世纪80年代后，由于计算机技术的迅速发展，带动了影视、动漫和游戏为代表的数字内容产业的扩张，美术作品也以更加丰富的形式拓展到了更多的领域，出现了以赢利为目的的CG商业插画。CG虽然是一个新兴产业，它的应用范围却非常广，发展空间也很大。下面我们来一起了解一下。

　　CG是英文"Computer Graphics"的缩写，即"计算机图像"。CG通常指的是数码化的作品，内容从纯艺术创作到广告设计，可以是二维、三维、静止或动画。随着以计算机为主要工具进行视觉设计和生产的一系列相关产业的形成，如今CG的概念已不再仅仅是计算机图像那么局限，而是既包括技术也包括艺术，几乎囊括了当今计算机时代中所有的视觉艺术创作活动。国际上习惯将利用计算机技术进行视觉设计和生产的领域通称为CG。

　　CG作为一个新兴产业，它的应用领域非常广。近年来，随着计算机网络技术、数字电视技术和通信技术日益成熟，极大地推动了CG产业的兴起。目前，CG产业已经形成了以影像、动画、图形、声音等技术为核心，以数字化媒介为载体，在视觉设计、影视、游戏、动画、建筑和工业设计、广告等领域都有其应用。例如，电影《功夫熊猫》、游戏《GEARS OF WAR 3》的宣传海报都是CG插画的表现形式，如图1-1、1-2所示。

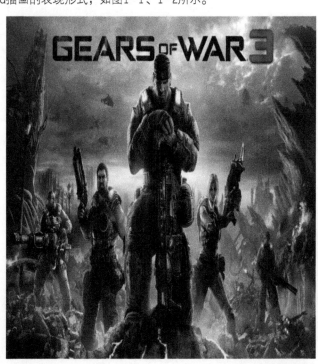

图 1-1　　　　　　　　　　　　　　　　　　　图 1-2

　　CG领域里2D的绘画称之为CG插画。随着计算机技术的普及与发展，现代商业美术插画已经很少用纸、笔、颜料等传统工具和材料来绘制，取而代之的是计算机软件，而绘制出来的插画便有一个新的名称，叫做CG插画。与传统插画相比，CG插画就是利用计算机完成的插画作品。相较于传统插画，CG插画不仅缩短了绘图周期，提高了绘图效率，也满足了快节奏、多需求的现代设计市场，但是CG插画仍然是建立在传统插画的基础上的。传统插画的基础知识如素描、色彩学、透视学、解剖学也完全适用于CG插画。

CG插画由四个组成部分：广告商业插画、游戏原画、出版物插图、影视动画设计。

广告商业插画，是针对不同行业的宣传需求所绘制的插画，例如，吉祥物的设计、宣传海报的设计、产品的广告等，具有绝对的方向性，如可口可乐127周年的宣传海报，就是CG插画在商业广告中的应用，如图1-3所示。

游戏原画，可以说是美术设计环节中至关重要的职位，主要分为游戏宣传海报和游戏设定，其中游戏设定是需求量非常大的门类，在网络游戏《怪物猎人》中的游戏角色设定说明也属于游戏原画的部分，如图1-4所示。

图 1-3

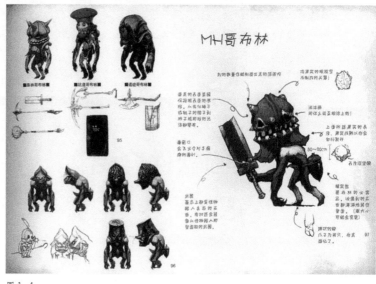

图 1-4

出版物插图，是应用于出版物（图书、音像等）封面以及内容里的配图部分，使其更加简明地呈现和表达了出版物的内容精髓，在雷光夏的音乐专辑《黑暗之光》中的插图就属于出版物的CG配图，如图1-5所示。

影视动画设计，用于漫画插画以及动画故事板的制作，是比较复杂的门类，要求具有一定的造型能力和对色彩的认识，并且对分镜头语言有较深入的了解，如动画电影《秒速五厘米》的场景绘制，如图1-6所示。

图 1-5

图 1-6

1.2 国内CG插画的发展史

　　20世纪80年代后的很长一段时间内，我国的传统手绘制图技术受到来自摄影技术的挑战，面临着一次严峻的考验。摄影技术的方便快捷，在事物的真实再现上有无可比拟的效率和优势，迫使插画创作逐渐只集中在书籍出版物方面，国内商业美术插画的应用范围变得十分狭窄。20世纪90年代中后期，随着计算机的普及和技术的成熟，使用数字特效能够在计算机里轻松模拟手绘效果，商业美术插画在设计领域才又得以复苏。国内开始涌现出专业从事商业美术插画制作的工作室和公司，他们与出版社和大广告公司合作，为其提供专业插画图像设计方面的服务。目前，国内许多流行杂志里的插画，大部分已是数字化产品。可以说，我国的商业美术插画艺术在经历了多年的低谷之后，在数码科技发展的必然趋势的推动下，在日益壮大的市场需求的刺激下，已呈现出崭新的面貌和活力。

1.3 常用绘画软件介绍

　　机会留给有准备的人，在开始学习CG绘画之前，首先要将用于绘画的软件了解透彻，才能把自身功底和创作能力发挥得淋漓尽致。

　　常用的CG绘图软件有很多，如Photoshop、Painter、SAI等。其中Photoshop以不输给任何专业绘画软件的全面逼真的仿自然画笔以及超强的修改和调整功能，成为目前最主流的CG插画绘制软件，能够最大限度地满足商业需求。因此，本书将集中讲解Photoshop的功能操作和使用此软件进行绘制的实操案例。

1.3.1 Photoshop的主界面介绍

　　Photoshop默认操作界面设计简洁美观，操作便捷、专业，人性化，是一款功能齐全、实用性超强的图像处理软件。

　　Photoshop CS6操作界面如图1-7所示。界面主要由六个部分组成，分别为菜单栏、工具选项栏、工具箱、控制面板、文档窗口、状态栏。

图1-7

【工具选项栏】：调整所使用工具的各个可设置项，随着使用工具的不同，上面的设置项也不同。末尾处的【基本功能】选项可以选择不同排版的界面，如图1-8所示，以满足各种不同的需求。

基本功能

图1-8

【工具箱】：工具箱中列出了Photoshop中常用的工具，单击每个选项的图标即可使用该工具。长按不动或者右击图标可以弹出该系列工具。顶端的小箭头可以改变工具图标的排列方式，如图1-9所示。

图1-9

tips

可以按工具上提示的快捷键来快速使用该工具。按shift+各工具的快捷键来切换使用该工具的系列工具。按Tab显示/隐藏工具箱、工具选项栏、控制区和控制面板。按F键切换屏幕模式（标准屏幕模式、带有菜单栏的全屏模式、全屏模式）。

【控制面板】：可在窗口菜单中根据个人喜好和需求显示各种面板。双击面板最小化/还原，拖动面板标签分离/置入面板，shift+Tab显示/隐藏面板。面板顶端最右边的小箭头可以将整个面板折叠为图标，如图1-10所示。

图1-10

【状态栏】：状态栏显示了当前打开图象的显示比例、基本信息和当前操作的提示信息。单击基本信息可以查看详细信息，如图1-11所示。单击旁边的小箭头可以选择显示不同信息，如图1-12所示。

文档:1.20M/1.20M

图1-11    图1-12

【文档窗口】：专业的图像浏览器，可预览各种格式的图片。窗口左上方显示了图像文件的名称、显示比例、色彩模式。

1.3.2 Photoshop的菜单栏介绍

菜单栏显示的是Photoshop的菜单命令，包括文件、编辑、图像、图层、文字、选择、滤镜、视图、窗口、帮助在内的10类，如图1-13所示，下面将对其功能进行概括介绍。

Ps 文件(F) 编辑(E) 图像(I) 图层(L) 文字(Y) 选择(S) 滤镜(T) 视图(V) 窗口(W) 帮助(H)

图1-13

【文件】菜单：用于基本的文件操作，如新建、打开、保存、导入和导出操作，快捷键是Alt+F。

【编辑】菜单：用于绘画过程中的一些基本操作，如还原、前进一步、后退一步、填充、变换等。还有一些基本设置，如画笔预设、PDF预设、首选项设置等。快捷键是Alt+E。

【图像】菜单：用于图像的各项编辑，改变图像模式，调整图像明暗、颜色、饱和度等，改变图像大小、画布大小，图像旋转等。快捷键是Alt+I。

【图层】菜单：用于图层的基本操作，如新建图层、复制图层、图层蒙版、合并图层、图层编组等。快捷键是Alt+L。

【文字】菜单：用于编辑图像上的文字图层，如消除锯齿、文字变形等。快捷键是Alt+Y。

【选择】菜单：用于选择所有图层，以及选择色彩范围、调整蒙版、变换选区等。快捷键是Alt+S。

【滤镜】菜单：用于将图像进行特殊处理，如抽出、液化、风格化、模糊、锐化等。快捷键是Alt+T。

【视图】菜单：用于编辑文档窗口的显示等内容，如校样设置、放大、缩小、屏幕模式、对齐、新建参考线等。快捷键是Alt+V。

【窗口】菜单：用于设置控制面板各面板的添加和去除，用户可根据自己的使用频率和喜好来添加和排列面板。快捷键是Alt+W。

【帮助】菜单：用于了解Photoshop的版本信息，以及联机帮助、支持中心等。快捷键是Alt+H。

1.4 Photoshop画笔介绍

画笔在Photoshop绘画中是最为重要的工具，就像士兵手中的武器，发挥着决定性作用。单击【工具箱】中的画笔工具，如图1-14所示，或者使用快捷键B。打开画笔功能后，单击控制面板上的画笔选项选择要使用的画笔，如图1-15所示。

单击控制面板的画笔选项后，会出现一个选项卡，右边部分是画笔列表，所有的画笔都在这里显示，如图1-16所示。左边部分是对各个画笔属性的添加和去除，以及设置勾选选项，如图1-17所示。

图1-14　　图1-15

图1-16　　　　　图1-17

1.5 自定义画笔

Photoshop自带的画笔品种丰富，可以满足日常绘画的需要。如若需要一些特殊的画笔进行绘画，可以到互联网上下载，然后加载到Photoshop中使用。加载方法有如下两种

❶单击【控制面板】的画笔选项，如图1-15所示，在弹出的选项卡下方，单击打开预设管理器，如图1-18所示，单击右侧的"载入"，在保存画笔的文件夹里双击要加载的画笔，即可载入。

❷单击【控制面板】的画笔选项，如图1-15所示，在弹出的选项卡中单击画笔预设，单击选项卡顶端最右的小箭头，如图1-19所示，选择"载入画笔"，在保存画笔的文件夹里双击要加载的画笔，即可载入。

图1-18

图1-19

1.6 Photoshop绘画的基本操作

为了使用方便快捷，提高工作效率，Photoshop的所有选项都设有快捷键，可以省去鼠标单击的烦琐和查找选项的时间。

1.工具箱

移动工具 【V】

矩形、椭圆选框工具 【M】

套索、多边形套索、磁性套索 【L】

快速选择工具、魔棒工具 【W】

裁剪、透视裁剪、切片、切片选择工具 【C】

吸管、颜色取样器、标尺、注释、123计数工具 【I】

污点修复画笔、修复画笔、修补、内容感知移动、红眼工具 【J】

画笔、铅笔、颜色替换、混合器画笔工具 【B】

仿制图章、图案图章工具 【S】

历史记录画笔工具、历史记录艺术画笔工具 【Y】

橡皮擦、背景橡皮擦、魔术橡皮擦工具 【E】

渐变、油漆桶工具 【G】

减淡、加深、海棉工具 【O】

钢笔、自由钢笔、添加锚点、删除锚点、转换点工具 【P】

横排文字、直排文字、横排文字蒙版、直排文字蒙版 【T】

路径选择、直接选择工具 【A】

矩形、圆角矩形、椭圆、多边形、直线、自定义形状工具 【U】

抓手工具 【H】

旋转视图工具 【R】

缩放工具 【Z】

添加锚点工具 【+】

快速输入工具选项（当前工具选项面板中至少有一个可调节数字）【0】至【9】

循环选择画笔 【[】或【]】

选择第一个画笔 【Shift+[】

选择最后一个画笔 【Shift+]】

建立新渐变(在"渐变编辑器"中)【Ctrl+N】

删除锚点工具 【—】

默认前景色和背景色 【D】

切换前景色和背景色 【X】

切换标准模式和快速蒙版模式 【Q】

标准屏幕模式、带有菜单栏的全屏模式、全屏模式 【F】

临时使用移动工具 【Ctrl】

临时使用吸色工具 【Alt】

临时使用抓手工具 【空格】

打开工具选项面板 【Enter】

2.选择功能

全部选取 【Ctrl+A】

取消选择 【Ctrl+D】

重新选择 【Ctrl+Shift+D】

羽化选择 【Shift+F6】

反向选择 【Ctrl+Shift+I】

路径变选区 数字键盘的【Enter】

载入选区 【Ctrl】+点按图层、路径、通道面板中的缩约图滤镜

3.视图操作

放大视图 【Ctrl++】

缩小视图 【Ctrl+-】

满画布显示 【Ctrl+0】

实际象素显示 【Ctrl+Alt+0】

4.文件操作

新建图形文件 【Ctrl+N】

打开已有的图像 【Ctrl+O】

关闭当前图像 【Ctrl+W】

保存当前图像 【Ctrl+S】

另存为 【Ctrl+Shift+S】

页面设置 【Ctrl+Shift+P】

▶▶ 1.6.1 画布的创建与保存

无论画什么，在使用Photoshop绘画的过程中几乎都会用到的基本操作，下面让我们详细了解一下这些操作的步骤。

新建文件：单击 文件(F) 【文件】菜单中的"新建"命令，或者使用快捷键【Ctrl+N】，可以创建一个空白的、无标题的Photoshop画布。在弹出【新建】对话框后，对要创建的画布进行设置，如图1-20所示，在"名称"一栏键入画布名称，如不键入名称，则默认为"标题-1"、"标题-2"，以此类推。在"预设"一栏选择"国际标准纸张"，"大小"一栏选择"A4"，单击【确定】按钮即可创建成功。

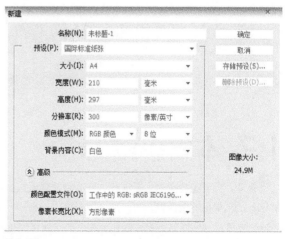

图 1-20

存储文件：编辑好一幅图像后，如果想保留该图像，则需要将其进行保存。在Photoshop里提供了以下几种存储方式。

"存储"命令：以当前文件格式存储文件。

"存储为"命令：以不同格式将文件存储为另一版本。

单击 文件(F)【文件】菜单下的"存储"命令，或使用快捷键【Ctrl+S】，可以不弹出对话框以当前文件格式直接存储文件。

单击 文件(F)【文件】菜单下的"存储为"命令，或使用快捷键【Shift+Ctrl+S】，将弹出如图1-21所示对话框，在"文件名"一栏键入要保存的图片的名称，在"格式"一栏选择该保存图片的格式，单击 保存(S) 即可存储文件。

图1-21

1.6.2 图像的反转与变形

在图像的操作中经常要用到翻转，绘画过程中要不停地左右翻转来审视画面的结构、比例是否正确。图像(I)【图像】菜单下的"图像旋转"有"180度""90度（顺时针）""90度（逆时针）""任意角度""水平翻转画布""垂直翻转画布"几种翻转方式可以选择。

在图像需要进行变形操作时，单击工具箱的 "矩形选框工具"，对图像进行框选，单击 编辑(E) 菜单下的"变换"，出现"缩放""旋转""斜切""扭曲""透视""旋转180度""旋转90度（顺时针）""旋转90度（逆时针）""水平翻转""垂直翻转"选项，单击相应选项即可进行变形。还有一种快捷方式是，单击工具箱的 "矩形选框工具"，对图像进行框选，单击 编辑(E) 菜单下的"自由变换"，或使用快捷键【Ctrl+T】，鼠标右键会出现各种变形选项，根据所需选择变形方案即可。

1.6.3 图层的应用

"图层"在Photoshop中是构成图像的重要组成单位，一个图像文件可以是由多层图像组合而成，当图层与图层之间像素有相交的区域时，位于上层的像素会遮盖下层的像素。每一个图层都可以调节不透明度，可以进行填充，可以锁定透明像素、图像像素与位置。在混合模式，如图1-22所示的菜单中有正常、溶解、变暗、正片叠底、颜色加深、线性加深、变亮、滤色、颜色减淡、线性减淡、叠加、柔光、强光、亮光、线性光、点光、实色混合、差值、排除、减去、划分、色相、饱和度、颜色、明度这些混合模式可以选择。双击【控制面板】下的图层将出现"图层样式"对话框，如图1-23所示，在这里可以更详细地对图层效果进行设置调整。

图1-22

图1-23

1.7 本章小结

本章介绍了CG插画的发展历程、用途以及分类，为更好地学习CG插画奠定基础。还介绍了Photoshop的基本操作界面以及常用的快捷键，为以后的绘画学习过程中可以便捷自如地操作软件做好预备。不过软件说到底只是一个辅助工具，只要能熟练操作再加上刻苦的绘画练习就一定能画出好作品。

第02章

美术的基础知识以及透视构图

要学好插画，不管是传统插画还是 CG 插画，一个好的绘画基础是必不可少的。本章中我们来着重了解学习素描的基础知识、色彩的应用以及透视构图，这些都是构成美术基础不可缺少的部分。

2.1 素描原理

素描是一门独立的艺术，具有独立的地位和价值。素描也是画家工作的最后成果，甚至还可以作为复制或摹写的基础。虽然各种艺术不一定都要先绘出素描稿，但素描却是一切观赏艺术的基础。在日常写生中，遇到最多的问题就是如何正确地认识和表现客观世界中的物象，素描的基础练习就是训练我们如何准确地抓住对象的特征和形体结构关系，并加以正确表现的方法。

2.1.1 什么是素描

使用炭笔、铅笔、钢笔等，以单色线条来表现物象明暗的绘画，称为素描。单色水彩和单色油画也归纳在素描范围内，中国传统的白描和水墨画也可以称之为素描，而通常讲的素描多元化是指铅笔画和炭笔画。素描是一切绘画的基础，这是研修绘画艺术所必须跨越的一个台阶。素描的绘制通常采用可于平面留下痕迹的方法，使用的材料如蜡笔、炭笔、钢笔、画笔、墨水、纸张等，其他还包括在湿润的陶土、沾了墨水的布条、金属、石器、容器或布的表面所造成的磨损。总的来说，素描是指以单色的线条或者调子在某种平面（如纸、布、板等）上，表现客观对象或意象的绘画和绘画方法。

图 2-1

轮廓和线条是素描的一般表现形式，它们使素描具备了自然律动感，不同的笔触营造出不同的线条及横切关系和节奏、主动与被动的周围环境、平面、体积、色调及质感。

素描是一种正式的艺术创作，以单色线条来表现直观世界中的一切事物，也可以表达思想、概念、态度、感情、幻想、象征甚至抽象形式。它不像带色彩的绘画那样重视总体和色彩，而是着重于结构和形式。

素描的类别多种多样，大致可做以下三种大的分类。

（一）按工具和材料划分

如铅笔、钢笔、炭笔、毛笔等，以及各种淡彩素描，如钢笔淡彩、铅笔淡彩等。这幅由画家王剑创作的作品《静思》就是淡彩素描，如图2-1所示。

（二）按表现题材划分

静物、石膏、人物、人体素描、风景、动植物等写实或抽象表现素描，如这幅冷军的素描作品就属于静态的人物写实素描，如图2-2所示。

图 2-2

（三）按目的、用途划分

如习作、创作素材、绘画图稿、设计素描及完整的素描作品等，这幅由画家张少敏绘制的作品就是完整的素描作品，如图2-3所示。

图 2-3

素描的表现形式也可以分为以下三种。

结构素描： 着重物体的结构形态，以线条为主要表现形式。

明暗素描： 着重物象的光影效果，以明暗色调为主要表现形式。

表现性素描： 着重相对个性表现方面的探索。

2.1.2 素描的三大面和五大调子

根据光照射在物体上的明暗关系及其变化，我们用三大面和五大调子来概括，如图2-4所示。其中，三大面是指亮面、灰面、暗面；五大调子是指亮面、灰面、明暗交界线、反光部和投影。五大调子有三个排序规律：不受光线强弱的影响；不受固有色深浅的变化；不因远近而改变。

亮面： 指光线最强的物面，是物体上最亮的地方，一般留出不画。

灰面： 指侧受光的物面，一般最后画，主观控制层次变化。

明暗交界线： 指明暗进行转折的物面。它其实是面与面之间色调的交接，并不是真的一条"线"，也不止一条。

反光部： 指暗部被环境影响，受到反射的物面，它属于暗部的一部分。

投影： 指光线被物体阻挡后投下的阴影。投影是有形状的，一般投影的明度要和物体明度拉开。

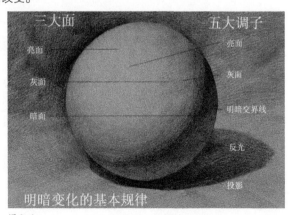

图 2-4

三大面的形成取决于光源、物体本身、存在空间和可视觉等因素。在现实生活中方形体结构总共有六个面，三大面是指不管人或物成任何角度时，我们眼睛最多只能看到它的三个面，这是由人的眼睛可视角度的局限性所决定的。但在素描的表现形式上，从素描形体结构角度出发，依据透视原理，忽略掉光影的从属因素，完全可以表现出六面体的结构形，其中包括眼睛看不到的三个面。这对我们理解结构的来龙去脉大有益处。

从光影素描的角度讲，光是万物之源，世界万物光而呈现，光照射在物体上被吸收，又反射出一定空间中物的形色。物体正对光源部分时受光源直接照射，所以能最清楚地反映光和物体本身的形色，这个面最亮，即素描关系中的亮部（白），而与受光部相对的物体的形也不能受光源照射，固背光却处在暗部（黑）。在受光和背光之间还有既不是正受光部分也不是背光部分，它处在光源的"斜"和"侧"射光下，所呈现出比直受光暗比背光亮的一个面，我们把这部分称为素描关系中的灰面。从大的黑白上分，亮和灰因都受光属大亮部，暗部及投影则因全部背光而属大暗部。亮因空间体积造成深浅不同的亮，暗因周围环境及反光因索道成重暗及灰暗。所谓黑白灰三大面是从大的明暗上区分受背光三大色调，实际上很亮的白和很死板的黑在物体中与画面上都是少部分，更多的素描调子处在亮灰和暗灰的区域中，作画时应注意这一点，以免画面过于空洞死板。

五大调子是物体在光照下所呈现出的一种光影规律。任何物体在光照下都会产生一种基本的明暗调子。球体受光后最为典型。在素描大明大暗的的两色系间，尤其是画单色的球状物体时区分十分明显，作画时应该控制的重点是亮部中间调子与反光的色差。有时暗部的反光在视觉上显得较亮，实际上这是它在明暗交界线和投影两种暗色的包围下突显出的假象，这个反光的明度应控制在比亮部中间调暗的程度。初学素描的人往往容易把二者弄混，造成素描调子上的混乱。实际上略有一点绘画经验的人都会眼睛眯起来从整体观察对象，继而纠正画面，就会很容易发现这两大色系中明与暗各自的关系，同时也会避免画面的错误。这五大调子在实际绘画中缺一不可。只有处理好这些层次关系，才能充分表现出物体的立体感和空间感。

2.2 色彩原理

色彩是视觉艺术的重要语言之一，来自外界的一切视觉形象都是通过色彩和明暗的差别关系显现出来的。对于可见物和人的视觉感知而言，有物就有色，有形就有色，空间、位置的界限和区别也是通过色彩和明暗得到反映，人们在看到形态、空间、位置、材料的同时必定也看到它们的色彩和明暗关系。

当物体受光线照射后，其信息通过瞳孔进入视网膜，经过视神经细胞分析，转化为神经冲动，由神经传达到大脑皮层的视觉中枢，才产生了色彩感觉，如图2-5所示。

经过了光、眼睛、大脑三个环节，才能感知色彩的相貌，所以说光刺激眼睛所产生的视感觉为色彩，也可以说色彩是一种视觉形态，是眼睛对可见光的感受。

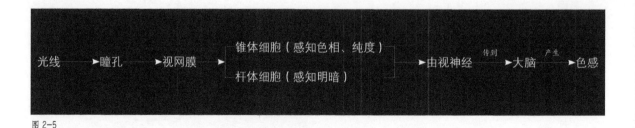

图 2-5

色彩的种类之多难以一一称谓，在判断这些颜色的特质、区别颜色之间微妙差别时，需要认识色彩的三属性，即色相、明度、纯度，如图2-6所示。

色相： 色彩的相貌、名称。色相是区分色彩的主要依据，也是色彩特征的主体因素。如红、橙、黄、绿、蓝、紫等，将上述的单色按光谱顺序环形配列，便形成了色相环。

明度： 色彩的明暗程度，也称亮度、深浅度等。明度与配色的基本规律：任何颜色如果加白，其明度就越亮，如果加黑，其明度则越暗。

纯度： 色彩的鲜艳程度，色彩中包含的标准色的成分多少的度数，也称为"彩度"、"饱和度"、"艳度"或"色度"。色彩含某一标准色成分越多，纯度就越高，色彩倾向就越明确，色彩感也越强。色的纯度与色相共同构成色彩性。

图 2-6

2.3 透视原理

透视在视觉艺术领域里应用广泛，如美术、摄影、电影、电视、卡通画、雕塑、美术字、环境艺术等。为突出主题，完美构图起到重要作用。

透视是一种把立体三维空间的形象表现在二维平面上的绘画方法，使观看的人对平面的画有立体感，如同透过一个透明玻璃平面看立体的景物。起初，透视的研究是通过一块透明的平面来看景物，将所见景物准确地描绘在这块平面上，即成该景物的透视图。后将在平面画幅上根据一定原理，用线条来显示物体的空间位置、轮廓和投影的科学称为透视学。

透视的基本规律： 近大远小、近实远虚、近宽远窄、近高远低。

透视的类型： 单点透视、两点透视、三点透视。

单点透视： 又叫平行透视，物体有一个面与画面平行，其他面向视平线上某一点消失，如图2-7所示。

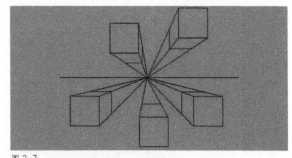

图 2-7

两点透视：又叫成角透视，物体的面和画面有一定角度，其余的面向视平线上某两点消失，如图2-8所示。

三点透视：又叫斜角透视，物体没有任何一条边缘或面块与画面平行，相对于画面，物体是倾斜的。当物体与视线形成角度时，因立体的特性，会呈现往长、宽、高三重空间延伸的块面，并消失于三个不同空间的消失点上，如图2-9所示。

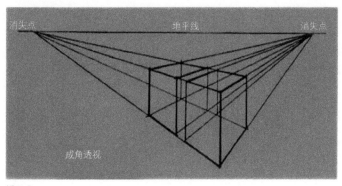

图 2-8

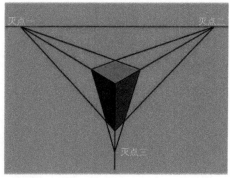

图 2-9

2.4 构图原理

构图，从广义上讲，是指形象或符号对空间占有的状况。狭义上来说，构图是艺术家为了表现一定的思想、意境、情感，在一定的空间范围内，运用审美的原则安排和处理形象、符号的位置关系，使其组成有说服力的艺术整体。

构图的原理：

（1）安排左右关系。一般情况下，侧面人物像面部之前的空间较宽较大。正面像居中间位置，左右空间均衡。

（2）安排上下关系。上大下小的物体重心在下部，放置在画面的中心或偏下方位置显得稳定。

（3）安排组合物体的关系。①主物较大，次物较小，主物切忌放在画面中间位置；②布局要有主次、疏密、前后的变化，同时要均衡协调；③画面构成要形成一个稳定的三角形。

构图是对画面内容和形式整体的考虑和安排。构图的原则是变化中求统一。构图方法有三个要点：①画面主题图形的位置；②非主题图形的位置以及与主题图形的关系；③画面底形的位置以及与图形的关系。

构图的样式分为两大类：对称式构图和均衡式构图。

对称式构图：主形置于画面中心，非主形置于主形两边，起平衡作用，底形被均匀分割（对称式构图一般表达静态内容）。对称构图的变化样式有金字塔式构图、平衡式构图、放射式构图等。

均衡式构图：主形置于一边，非主形置于另一边，起平衡作用，底形分割不均匀（均衡式构图一般表达动态内容）。其构图的样式有对角线构图、弧线构图、渐变式构图、S形构图、L形构图等。素描写生构图的应用相对简单，只要将对象的主要部分置于画面中心，将对象整体与边框距离处理得当，背景底形不重复，就是成功的构图。

2.5 本章小结

本章主要讲解与巩固了素描的基础知识，为接下来的绘画学习奠定基础。不论在哪种形式的绘画中，素描基础都是至关重要的部分，有良好的基础，才能迅速理解与掌握不同形式的绘画方式与技巧。

第2篇　人物设计篇

第03章

比例、骨骼
与肌肉——
人体躯干结构介绍

　　学习完了绘画的基础理论，接下来，将对人体结构进行系统性讲解，学习和了解人体躯干的结构和比例。这些基础知识在人物的设计绘制中十分的重要，只有将人体结构和比例画准确才能设计出合格的作品。

3.1 人体躯干比例

　　人体是大自然最完美的杰作，它有复杂而精密的结构、完美的运动系统、优美精致的形体。从古至今，艺术大师创作了无数的以人为主体的不朽之作，来表现人体的美。例如，达芬奇的《蒙娜丽莎》、米开朗基罗的《大卫》等大师的名作都是在展现人体的美。人体结构也是美术工作者必须掌握的内容，所以，人体结构要在理解的基础上多加练习，不断地去提升。

　　我们在了解人体结构的时候，除了对骨骼肌肉的名称和位置有所了解之外，更重要的是要知道这些骨骼肌肉在人体中的形态以及作用，要知道怎么样去画，怎么样去表现，发生运动变化后应该怎么样去表现。

　　接下来我们将学习一下男女人体躯干的结构分布、身体比例、骨骼和肌肉分布等知识点，充分做好预备工作，之后的绘画也会事半功倍。

　　通常表示人体躯干，是用8个头长作为身高比例，但是这仅为一个标准，不是一成不变的，可根据对人物的定义来设定身高比例。从脚部向上算起，男性人体的中点在耻骨位置，女性略高一些；男性乳头几乎是在第6个头高处，女性略低；女性膝关节在第2个头高处，男性略往上一些；第5个头高处几乎是男性腰部最窄的截面，女性略高；腹脐在第5个头之下，女性略高；男性左右肩峰的连线在2个头高，女性略窄于2个头高；大臂约等于1.5个头长，小臂约等于1.1个头长，双手伸展开约等于全身高度。

　　人的上肢下垂后，肘部关节一般在从头部开始3个头长左右的位置上，而且上臂比下臂长。在正常站立的时候，人的小腿基本垂直于地面，大腿和骨盆稍前倾，并与小腿产生一定的角度，小腿比大腿略长些。

　　需要特别注意的是，后颈是微微内斜的，经过腰部的弯曲，从下腹部一直斜着下去，过了小腿肚才向内收，腿肚位于后背与臀部后面，所以在立正时小腿是完全处于身体中线的后方的。

　　当我们设计Q版角色时，依然是会拿头部作为一个衡量标准的，例如，三头身的Q版、五头身的Q版等，网络游戏《ANIMA》中的精灵角色就属于五头身的Q版人物，如图3-1所示。而我们在绘制英雄人物、体形修长的女性或机器人时，比例可以更大，有时可以到9个头长。因此，我们在绘制的时候，需要根据自己的画面需要和要表现的内容对比例进行合理调整。

图 3-1

　　男女肩宽对比：在头部大小一样的情况下，男性的肩宽略大于两个头，而女性的则略小于两个头。因此，在绘制女性的时候，肩宽不要超过两个头，而绘制男性的时候，要保证肩宽不小于两个头。如果绘制强壮的角色，可以把肩宽做到2.5个头甚至更宽一些。

男女胸腔对比：在高度一样的情况下，男性的胸腔宽度和厚度都要大于女性。

男女骨盆对比：男性骨盆的宽度一般是头部的1.4倍左右，略小于胸腔的宽度。而最瘦弱的女性骨盆的宽度也是头部的1.5倍，略大于胸腔的宽度。绘制过程中，适当增加骨盆的宽度可以突出女性的特征，但是过宽会使角色看起来显得臃肿，一般画成头部的1.6倍即可。

姿势变化产生的比例差异：站立时，人的身高约为8个头长。坐立时，约为5个头长，其中从头顶到坐平面为3.5个头长。下蹲时，约为四又三分之一头长。盘坐时，约为4个头长。弯腰时由于程度不同，约为4.5个头长至6个头长。手臂自然上举时，肘窝稍高于头顶。手臂自然下垂时，中指落在大腿中段。

3.2 人体骨骼与肌肉

人体的骨骼和肌肉构成了人体的基本形态，同时还控制着人体的运动，所以，对骨骼和肌肉的认识是至关重要的。

人体共有206块骨骼，分为颅骨、躯干骨和四肢骨三个大部分。其中，有颅骨29块、躯干骨51块、四肢骨126块。虽然有些骨骼包裹在皮肤和肌肉里，但还是有一些关节部分的鼓端在身体表面能够看到，这些突出的鼓端叫做骨点。人体中的骨点位置是确定人体姿态的重要标志，全身重要的骨点有颧骨、下颌角、锁骨、肩峰、鹰嘴突、髂前上棘、大转子、髌骨、脚踝等，如图3-2所示。

人类的骨骼大小、形状大致相同；无论深浅，骨骼直接影响身体的外形。尤其皮下骨对外形影响较为明显，是构成人体外形的"基本构成线"，把骨点画好后，人体形象就基本完成了。骨分为长、扁和不规则三部分。

骨骼影响的不仅仅是运动和姿态，男女性别的不同在骨骼上也是一个重要的区分。总体来说，男性的骨骼比较粗壮一些，最宽处在肩峰处；女性骨骼比较纤细一些，最宽处在股骨大转子处。

人体的肌肉系统是一个复杂而精密的机器，我们只需要去了解能够观察到的大块的浅层肌肉就好。我们不仅要知道肌肉的名称，更重要的是理解每块肌肉的形状、位置、连接点和功能，这样我们去画带有动态的人体时，就能从理解的层面去分析并表现画面，如图3-3所示。

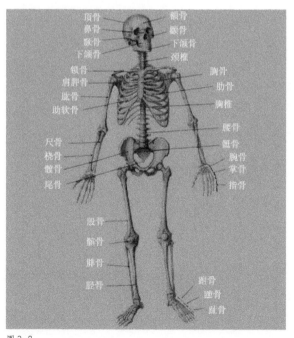

图 3-2

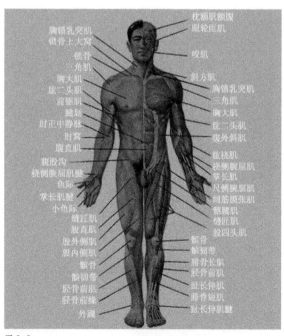

图 3-3

　　人体的体积和运动关系：人体中，头、胸和骨盆的体积是不会变动的，不管它们表面上的形状和特征如何，都可以把它们想象成一些方块。我们可以把人体当作是一些互相关联的方块，这些方块是通过一根线连接起来的，类似黄蜂的身体一样，如图3-4所示。这些方块，它们被限制在运动的三个面上，即它们可能在侧面中前或后仰；在水平面中左右扭转；或者在正面中左右倾斜。实际上，这三种运动几乎是经常以不同程度同时出现的。在这些运动中，动作范围取决于脊柱的活动。脊柱是把身体的各个部分连接起来的结构，是一根坚固的柱子，它差不多是人体结构中的中心或者轴心部位，它是以活动的骨节和富有弹性的软骨组成的，每一部分都是一个关节。

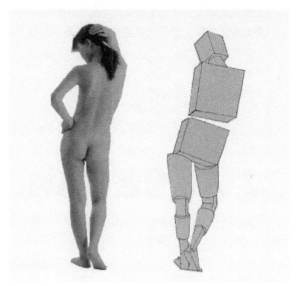

图 3-4

3.3 本章小结

　　本章主要内容侧重于人体基础的学习，熟悉并理解人体结构以及骨骼肌肉分布。人物的设计与绘制的前提就是有个准确的人体造型，再在这个人体造型上添加设计，因此，要绘制一个比例正确结构完整的角色，必须掌握好正确的人体结构知识，只有这样，才能画出出色的角色设计。

第04章

男性人体肌肉和女性柔美人体的表现——人体绘制过程演示

学习完了人体的基础理论，接下来，让我们一起进入视频实操阶段，学习 CG 绘画的技法和绘画流程。在这一章中，将挑选一些人物设计的绘制实例进行讲解，其中包括男性人体、女性人体的绘制。演示讲解对学习的帮助非常大，集中精神学习完之后一定能得到很大提升。

4.1 男性人体肌肉的表现绘制流程

男性人体的绘制概括起来可以分为四个阶段：确定外轮廓、填充颜色、基本明暗关系的确立以及整体细化。每个步骤都有其必要性，缺一不可，也绝不能打乱顺序进行。人体是角色设计的基础，有一个结构正确的裸模对之后的角色设计将有很大的帮助。

◆第一阶段：确定外轮廓

绘制步骤：按照人体的结构比例，用几何图形简略绘制出男性的人体构造，确定好造型。左右翻转画布审视结构是否正确，并对外轮廓进行补充绘制，添加一些中轴线等辅助线，继而对外轮廓做出轻微修改。初步线稿定好之后，就可以进一步绘制最终线稿了。将初步线稿的图层不透明度调低，使整个图层呈现半透明状态，以便勾勒线稿。单击"新建"建立一个空白图层，用于最终线稿的勾勒，在该新建图层中，将最终线稿依照初稿的轮廓勾勒出即可，如图4-1所示。

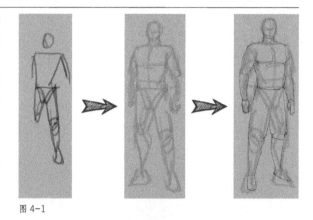

图 4-1

◆第二阶段：填充颜色

绘制步骤：检查并封闭好线稿之后，使用【魔棒工具】再次对线稿进行框选。按住【Ctrl】键，鼠标左键单击"新建"，将在线稿图层之下建立一个空白图层。在框选的范围内给线稿填充一个颜色，填好底色后，需要将其变色，单击【菜单栏】>【图像】>【调整】>【色相/饱和度】或使用快捷键【Ctrl+U】打开【色相/饱和度】，调节明度，使底色变为灰色。使用【调色工具】使人体变色之后，选用没有压杆的平涂笔刷对人体进行分色块上色。打开【拾色器】，不同部位选择不同颜色进行上色，如图4-2所示。

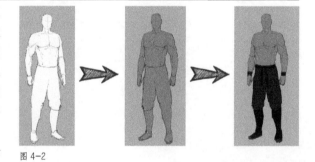

图 4-2

◆第三阶段：基本明暗关系的确立

绘制步骤：鼠标左键选取线稿图层，按住【Ctrl】键，单击"新建"，将在线稿图层之下，底色图层之上建立一个空白图层。将此新建图层的混合模式选为"正片叠底"，使用喷笔将人体的暗部粗略绘出。单击"新建"建立一个空白图层，将图层混合模式选为"叠加"用以绘制亮部。刚开始绘制亮部时，不需要马上去抠细节，将大体的结构块面绘出即可。如图4-3所示。

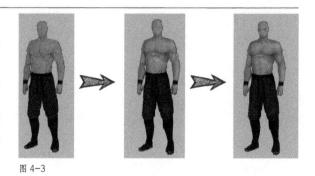

图 4-3

◆第四阶段：整体细化

　　绘制步骤： 在光影有了一定的雏形之后，可以进行一些微调。单击【菜单栏】>【图像】>【调整】>【色彩平衡】或使用快捷【Ctrl+B】打开【色彩平衡】，对各项数值进行调节。单击"新建"建立一个空白图层，将图层的混合模式改为"叠加"，将喷笔换位画笔，将胸肌之间的高光绘出，单击【工具箱】>【减淡工具】或使用快捷键【O】打开【减淡工具】，将人体的亮部用减淡工具再提亮一遍。细化过程中，还需要不停审视人体的准确度，利用各种工具对人体外轮廓进行调整，如图4-4所示。

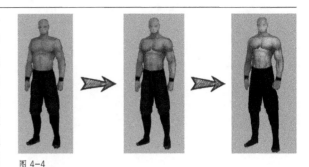

图 4-4

4.2 男性人体肌肉的表现绘画演示

　　第一个实例将对男性人体进行详细讲解。在基础人体的绘制中，对结构的准确度要求很高，一定要把握准人体骨骼和肌肉的正确分布和走向，并且在画之前，在脑中必须有一个体型定位，对将要绘制的人体有一个高矮胖瘦的预想，才能朝着预设快速地绘出基本体型和造型，而后深入刻画。

≫ 4.2.1 男性人体肌肉外轮廓的绘制

01 首先，双击 Photoshop 软件，打开后，单击【文件】>【新建】，或者使用快捷键【Ctrl+N】创建一个国际标准纸张 A4 大小的新画布，使用快捷键【Ctrl+U】打开"色相/饱和度"对话框，调节明度，使画布明度降低，这样做的目的是使画布看起来不那么刺眼，如图 4-5 所示。

02 调整准备好画布之后，根据自己的习惯和喜好选择用来绘图的画笔，单击【新建】建立一个空白图层，使用快捷键【Ctrl+-】缩小画布。从大体上起稿，用几何拼接的绘制技巧将人体轮廓表示出来，如图 4-6 所示。

图 4-5

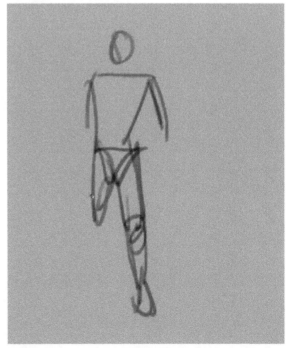

图 4-6

03 外轮廓绘出后，若有一些形体或角度需要修改，可以通过单击【工具箱】>【矩形选框工具】或使用快捷键【M】打开【矩形选框工具】，将外轮廓框选，鼠标右键单击，选择"自由变换"或使用快捷键【Ctrl+T】打开"自由变换"，鼠标左键拖动边角进行调整，如图4-7所示。

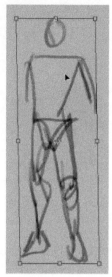

图 4-7

04 由于人的左右眼看物体所产生的感觉不同，因此在绘画过程中，我们需要不停地左右翻转以审视结构比例是否正确。再次使用【矩形选框工具】将外轮廓框选，鼠标右键单击，选择"自由变换"或使用快捷键【Ctrl+T】打开"自由变换"，再次右键单击，选择"水平翻转"。如有需要修改之处，则单击右键，选择"变形"进行调整，如图4-8所示。

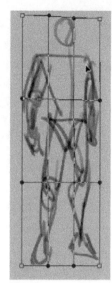

图 4-8

05 对外轮廓进行补充绘制，添加一些中轴线等辅助线，并对外轮廓做出轻微修改，如图4-9所示。人体创作应遵循先整体后局部的原理，也就是先将整体轮廓准确把握的同时，将细节一点点加进去。因此，最初的体型轮廓设定尤为重要，它决定了最终效果的走向。

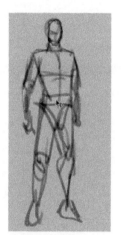

图 4-9

06 将画布翻转回来后，继续对形体进行调整。单击【工具箱】>【矩形选框工具】或使用快捷键【M】打开【矩形选框工具】，将人体的下半身框选出，单击鼠标右键，选择"自由变换"或使用快捷键【Ctrl+T】打开"自由变换"，将人体腿部拉长。再将整体框选，【Ctrl+T】打开"自由变换"，单击鼠标右键选择"变形"以调整人体外轮廓，如图4-10所示。

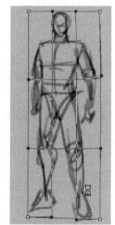

图 4-10

07 在修改与调整的过程中，我们可以发现，一开始起稿的时候起小了，人体只占用了画布的小部分，此时可以再次将人体框选，右键单击选择"自由变换"或使用快捷键【Ctrl+T】打开"自由变换"，按住【Shift】键鼠标拖动四角可将线稿等比例放大，如图4-11所示。

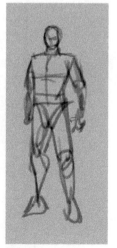

图 4-11

08 若线稿有部位需要单独选取进行修改时，可以单击【工具箱】>【套索工具】或使用快捷键【L】打开【套索工具】，将需要修改的部分圈出，单击右键选择"自由变换"或使用快捷键【Ctrl+T】打开"自由变换"进行调整，如图4-12所示。

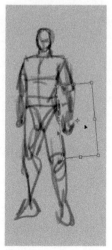

图 4-12

09 初步线稿定好之后，就可以进一步绘制最终线稿了。将初步线稿的图层不透明度调低，使整个图层呈现半透明状态，以便勾勒线稿。单击"新建"建立一个空白图层，用于最终线稿的勾勒，如图4-13所示。

图 4-13

10 按照初稿定好的体型和轮廓，缩小画笔，用小笔触流畅不拖沓的将其勾勒出，如图4-14所示。

图 4-14

≫≫ 4.2.2 男性人体肌肉的结构与明暗绘制

11 最终线稿勾勒完成之后，就可以进行上色及明暗处理。由于采用的是框选线稿然后填充颜色，因此在上色之前，需要对线稿做检查，看线条是否处于完全密封的状态。单击【工具箱】>【魔棒工具】或使用快捷键【W】打开魔棒工具，在线稿之外单击一下，看是否只框选线稿外轮廓，若出现如图4-15所示情况，则说明线条未完全密封，还存在缺口。

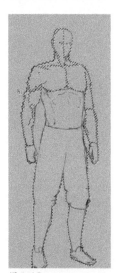

图 4-15

12 检查并封闭好线稿之后，使用魔棒工具再次对线稿进行框选。按住【Ctrl】键，单击"新建"将在线稿图层之下建立一个空白图层。在框选的范围内给线稿填充一个颜色，如图4-16所示。

图 4-16

13 填好底色后，需要将其变色，单击【菜单栏】>【图像】>【调整】>【色相/饱和度】或使用快捷键【Ctrl+U】打开"色相/饱和度"对话框，调节明度，使底色变为灰色，如图4-17所示。

图 4-17

14 单击【菜单栏】>【图像】>【调整】>【色相/饱和度】或使用快捷键【Ctrl+U】打开"色相/饱和度"对话框，将"着色"选项勾选，对三项数值分别进行调节，改变人体的颜色，如图4-18所示。

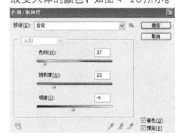

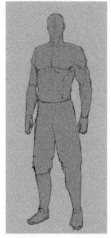

图 4-18

15 使用快捷键【Ctrl+H】将框选的虚线隐藏，在框选的范围内涂抹将不会超出框选范围。将画面再次翻转后，选用没有压杆的平涂笔刷对人体进行分色块上色。打开拾色器，不同部位选择不同颜色进行上色，如图 4-19 所示。

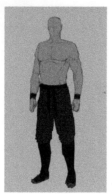

图 4-19

16 鼠标左键选取线稿图层，按住【Ctrl】键，单击"新建"，将在线稿图层之下，底色图层之上建立一个空白图层。将此新建图层的混合模式选为"正片叠底"，使用喷笔将人体的暗部粗略绘出，如图 4-20 所示。适当调低图层的不透明度，合并图层。

图 4-20

17 使用快捷键【Ctrl+J】复制产生新图层，将上一个重复图层隐藏。单击"新建"建立一个空白图层，将图层混合模式选为"叠加"用以绘制亮部。刚开始绘制亮部时，不需要马上去抠细节，将大体的结构块面绘出即可。单击【菜单栏】>【图像】>【调整】>【色相/饱和度】或使用快捷【Ctrl】+【U】打开"色相/饱和度"对话框，调节亮部的色相和明度，如图 4-21 所示。

图 4-21

18 单击"新建"建立一个空白图层，将图层的混合模式选为"正片叠底"，继续使用喷笔将人体的暗部从大体上强调一遍，此时，从大体上看，人体的光影效果就大致表达出来了，如图 4-22 所示。

图 4-22

▶▶ 4.2.3 男性人体肌肉的细化过程

19 在光影有了一定的雏形之后，可以进行一些微调。单击【菜单栏】>【图像】>【调整】>【色彩平衡】或使用快捷【Ctrl+B】打开"色彩平衡"对话框，对各项数值进行调节，如图 4-23 所示。

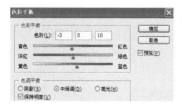

图 4-23

20 单击【菜单栏】>【图像】>【调整】>【曲线】或使用快捷键【Ctrl+M】打开"曲线"对话框，调节人体的光影对比，如图 4-24 所示。

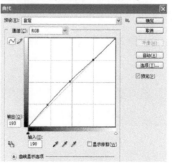

图 4-24

21 选择普通画笔，使用快捷键【Ctrl++】放大画布，着手绘制人体明暗的细节。将暗部用画笔压暗，注意黑白灰面的过度，如图 4-25 所示。

图 4-25

22 单击【菜单栏】>【图像】>【调整】>【色彩平衡】或使用快捷键【Ctrl+B】打开"色彩平衡"对话框，调节各数值，如图 4-26 所示。

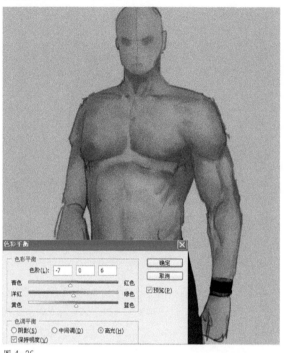

图 4-26

23 单击"新建"建立一个空白图层，将图层的混合模式改为"叠加"，用喷笔将人体的亮部和暗部都刷一遍。"叠加"的作用是能使暗色更暗，而亮色更亮。单击【菜单栏】>【图像】>【调整】>【色相/饱和度】或使用快捷键【Ctrl+U】打开"色相/饱和度"对话框，调节其饱和度，如图 4-27 所示。

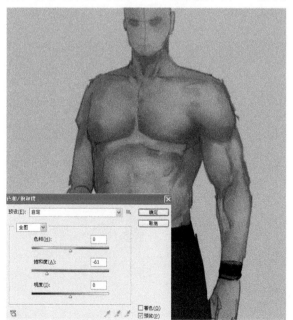

图 4-27

24 单击"新建"建立一个空白图层，将图层的混合模式改为"叠加"，将喷笔换位画笔，将胸肌之间的高光绘出，合并图层。单击【工具箱】>【减淡工具】或使用快捷键【O】打开"减淡工具"，将人体的亮部用减淡工具再提亮一遍，如图 4-28 所示。

图 4-28

25 在 Photoshop 软件中，用于调整画面的工具非常多，充分利用好这些工具，可以使绘画过程事半功倍。单击【菜单栏】>【滤镜】>【液化】打开"液化"工具，使用"向前变形工具"，对人体的各部分线条进行变形修改，如图 4-29 所示。

图 4-29

26 单击【工具箱】>【矩形选框工具】或使用快捷键 M 打开"矩形选框工具"，单击鼠标右键，选择"自由变换"或使用快捷键【Ctrl+T】打开"自由变换"。再次单击鼠标右键，选择"水平翻转"，将人体左右翻转之后，以不同角度审视整体，并再次进行液化修改，如图 4-30 所示。

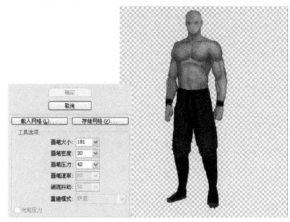

图 4-30

27 单击【工具箱】>【涂抹工具】，使用涂抹工具将人体上半身裸露部分的笔触更好地融合，使明暗的过度更为自然，如图 4-31 所示。

图 4-31

28 按住【Alt】键，将画笔转换为吸管工具，吸取皮肤稍亮的部位颜色，单击前景色，将其往上调整至更亮的位置，使用画笔将人体肌肉的高光点出。单击"新建"建立一个空白图层，将图层的混合模式选为"正片叠底"，将人体肌肉的背光部分的阴影加深，如图 4-32 所示。

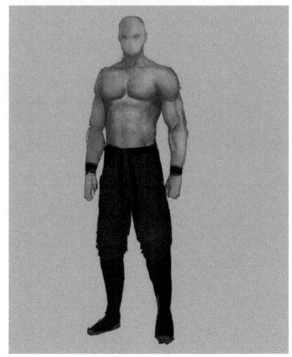

图 4-32

29 上半身的肌肉绘制先暂告一段落，为了保持整体的完整性，精度的统一性，需要将下本身的裤子部分进行细化。单击【工具箱】>【套索工具】或使用快捷键【L】打开套索工具，将整个下半身框选，使用快捷键【Ctrl+J】将框选的下本身部分复制并新建一个图层，单击【菜单栏】>【图像】>【调整】>【色相/饱和度】或使用快捷键【Ctrl+U】打开"色相/饱和度"对话框，对裤子的颜色进行调整，如图 4-33 所示。

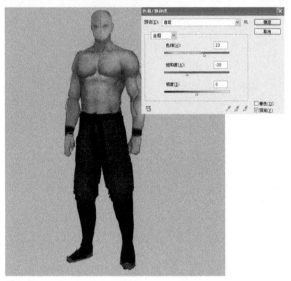

图 4-33

31 使用画笔，将裤子的褶皱以及暗部绘出，单击【工具箱】>【涂抹工具】，将笔触更好地互相融合。缩小画布进行细化绘制的好处是可以从整体的大感觉上进行绘制，始终保持整体的统一，如图 4-35 所示。

图 4-35

30 单击【菜单栏】>【图像】>【调整】>【曲线】或使用快捷键【Ctrl+M】打开"曲线"对话框，调整裤子的明暗对比，如图 4-34 所示。

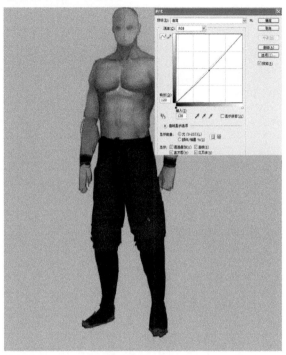

图 4-34

32 使用快捷键【Ctrl++】放大画布，按住空格键，鼠标左键拖动画布，将焦点集中在上半身肌肉部分。单击【工具箱】>【橡皮擦工具】或使用快捷键【E】打开"橡皮擦工具"，将外轮廓边缘多余的毛边擦除，对线稿的不完整处及时补全，使轮廓清晰，如图 4-36 所示。

图 4-36

33 单击"新建"建立一个空白图层，将图层的混合模式改为"叠加"。使用画笔，在肌肉部分添加高光，利用高光的笔触感，制造出肌肉之间拉伸的感觉。适当调低图层的不透明度，如图 4-37 所示。

34 单击"新建"建立一个空白图层，使用喷笔，一边不停地按住【Alt】键吸取人体亮部或暗部的颜色，一边在身体上涂抹，使亮部和暗部的衔接柔和，光影效果更加自然，如图 4-38 所示。

tips

其实在物体大型已定并上好颜色之后，就是一个反反复复使用相同方法的细化过程，刻画越细致，重复的次数越多。

图 4-37

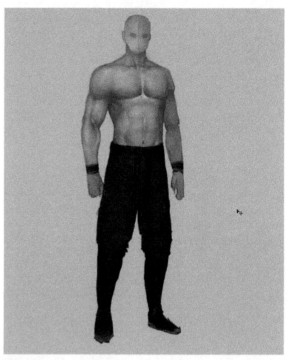

图 4-38

35 在细化过程中，需要不停地审视形体的准确度并作出修整。单击【菜单栏】>【滤镜】>【液化】打开"液化"工具，对其形体再次进行微调，如图 4-39 所示。

36 单击【工具箱】>【矩形选框工具】或使用快捷键【M】打开矩形选框工具，右键单击画面，选择"自由变换"，或使用快捷键【Ctrl+T】打开"自由变换"，再次右键单击，选择"变形"，对人体外形进行调整，如图 4-40 所示。

图 4-39

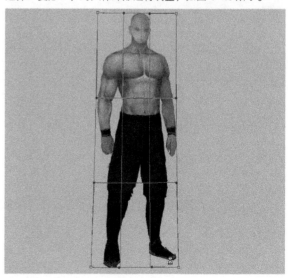

图 4-40

37 继续使用"矩形选框工具"，将人体下半身框出，按住【Alt】键，将一起被框选的多余部分减去，只框选腿部，使用快捷键【Ctrl+T】打开"自由变换"，向下适量拉长双腿。虽然这样可以改变腿的长度，但也需要符合比例要求，因此，需要再将裆部以下的腿部单独框选出，【Ctrl+T】打开"自由变换"，将腿适量缩短，如图 4-41 所示。

38 由于增加了腿部长度，相应的手臂的长度也需要加长。单击【工具箱】>【套索工具】或使用快捷键 L 打开"套索工具"，将手臂圈出，使用快捷键【Ctrl+J】复制产生新图层，【Ctrl+T】打开"自由变换"，拉长手臂并调整角度，并按住【Ctrl】键，鼠标左键拖动复制的手臂至衔接合适处，如图 4-42 所示。

图 4-41

图 4-42

39 单击【菜单栏】>【滤镜】>【液化】打开"液化"工具，将画笔调大，选择"膨胀工具"，将人体的胸肌部分胀大。再选择"向前变形工具"，对人体的形体进行微调，如图 4-43 所示。

40 继续使用"套索工具"，圈出高光部分，按住【Shift】键添加，将人体全身的高光都圈出，单击【菜单栏】>【图像】>【调整】>【曲线】或使用快捷键【Ctrl+M】打开"曲线"对话框，将圈出的高光的亮度提高，如图 4-44 所示。

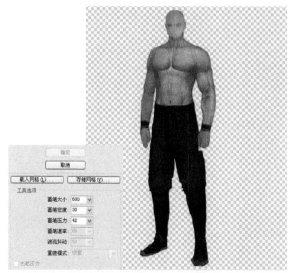

图 4-43

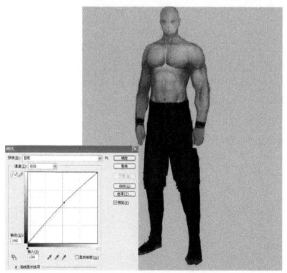

图 4-44

41 为了让人体更有立体感，我们可以给其添加一个反光。打开拾色器，选择一个亮色，缩小画笔，用其将人体侧面的外轮廓勾边，单击【菜单栏】>【图像】>【调整】>【色相 / 饱和度】或使用快捷键【Ctrl+U】打开"色相 / 饱和度"对话框，将饱和度调低，如图 4-45 所示。

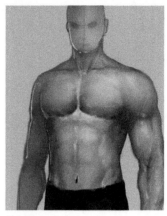

图 4-45

42 画到这里，此幅作品就算完成了，如图 4-46 所示。

图 4-46

4.3 女性柔美人体的表现绘制流程

　　女性人体绘制概括起来可以分为四个阶段：大形外轮廓的确定、上色、基本明暗关系的确立以及深入细化。由于女性不像男性一般，肌肉纹理清晰、轮廓硬朗，因此在绘制女性人体时不需要将肌肉处理出明显痕迹。

◆第一阶段：大形外轮廓的确定

　　绘制步骤：借由几何的造型给女性人体一个大形轮廓，根据对女性人体结构的理解，抓住正确的女性人体比例，以及对优美造型的理解，在几何造型的基础上描绘出线稿，画出女性人体的明确外轮廓，如图4-47所示。

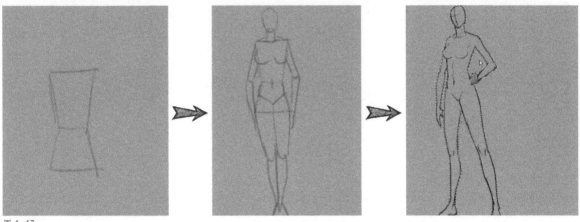

图4-47

◆第二阶段：上色

　　绘制步骤：选择比背景色略深的颜色，单击【菜单栏】>【编辑】>【填充】或使用快捷键【Alt+退格键】将人体填充上前景色，接着，需要给人体填充肤色。鼠标点选上一步骤中填充底色的图层，按住【Ctrl】键，单击一下图层的缩视图，将色块框选出，【Ctrl+H】隐藏框选线。按照刚才的方法，打开拾色器，选择一个肤色，使用快捷键【Alt+退格键】给人体填充前景色。上色过程中，如所填颜色不妥当，可使用各种图像调整工具进行修改，如图4-48所示。

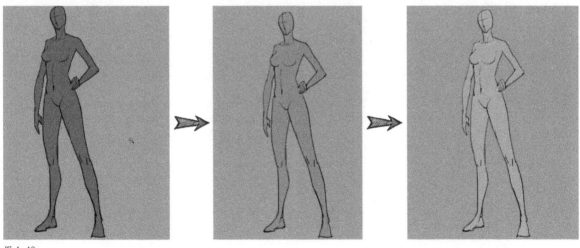

图4-48

◆ 第三阶段：基本明暗关系的确立

　　绘制步骤： 确定好光源之后，根据素描关系设定出人体的暗部和亮部位置，单击"新建"建立一个空白图层，将图层混合模式改为"正片叠底"，选择喷笔，使用的颜色选择肤色不改变，将人体的暗部绘出。再次单击"新建"建立一个空白图层，将图层混合模式改为"叠加"。打开拾色器，选择一个明度较高的暖色，并将喷笔的不透明度调低，将女性人体的亮面绘出，如图4-49所示。

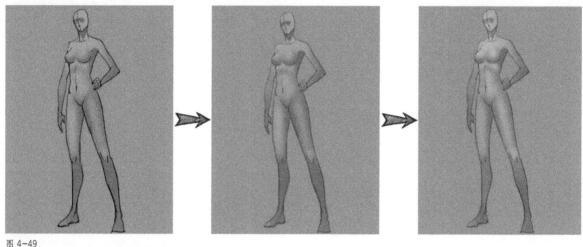

图 4-49

◆ 第四阶段：深入细化

　　绘制步骤： 放大图像，使用块面感强的画笔，将人体的肌肉走向和具体明暗绘出，笔触太过明显也没关系，之后还需使用喷笔去柔化和融合。单击"新建"建立一个空白图层，选用喷笔，将画笔模式改为"正片叠底"，强调一下人体的暗部。使用正片叠底会比较容易将画面画"脏"，因此就需要将画笔模式改为"叠加"，并稍微调低画笔不透明度来提亮。提亮之后，使用调节工具将其饱和度降低，从而使曝光度降低。再将画笔模式改为"正片叠底"，打开拾色器，选择红色，在人体的关节骨点部位轻轻绘出颜色，使用快捷键【Ctrl++】放大画布，按住空格键，鼠标左键拖动画布，将焦点集中在胸部及腹部等细节部位，用更为深入的明暗对比来体现出立体感，如图4-50所示。

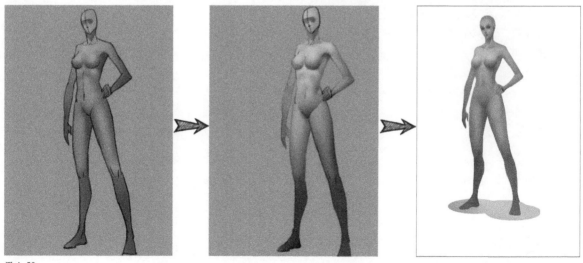

图 4-50

4.4 女性柔美人体的表现绘画演示

接下来将对女性人体绘制进行详细讲解。女性较之男性，人体的绘制上需要注意的是体型的区别、所表达出的力量的区别、体态造型的区别，也就是说，女性人体的设计要抓住婀娜的体型、柔美的感觉、优美的造型等要点。

▶▶ 4.4.1 女性柔美人体外轮廓的绘制

01 首先，双击 Photoshop 软件，打开后，单击【文件】>【新建】，或者使用快捷键【Ctrl+N】创建一个国际标准纸张 A4 大小的新画布，如图 4-51 所示。

图 4-51

02 单击【菜单栏】>【图像】>【调整】>【色相／饱和度】或使用快捷键【Ctrl+U】打开"色相／饱和度"对话框，调整明度，使画布呈现灰色。这样做的目的是降低画布明度，画者在作画时不会感到刺眼，如图 4-52 所示。

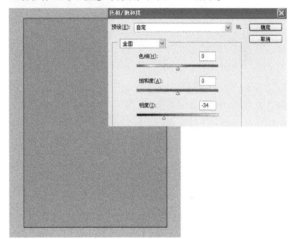

图 4-52

03 单击"新建"建立一个空白图层用于作画。女人体的画法，和男性人体一样，也可以借由几何的造型来绘制。如图 4-53 所示，先画两个倒梯形，作为女人体的躯干部分。

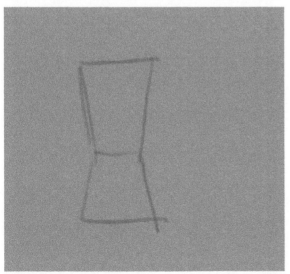

图 4-53

04 在下面的梯形的中间切出一个倒三角，作为腿部和胯部的连接处，同样在上面的梯形的中间画一条辅助线，作为胸部的位置，如图 4-54 所示。

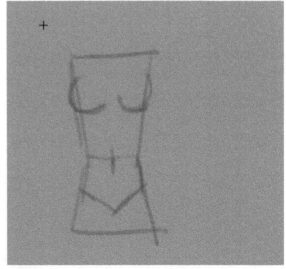

图 4-54

05 在上方的倒梯形上画出代表斜方肌的斜线，以及用圆柱体表示脖子，椭圆形表示头部。按照之前定好的位置，将手脚绘制完整，如图 4-55 所示。

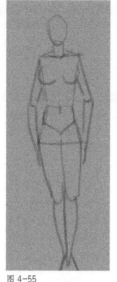

图 4-55

06 接下来，根据这个绘制方法，细化出一个完整的女性人体。使用几何拼接法绘出带有角度的上半身，注意女性脖子的长度通常比男性要长，头部的位置也要随着身体的角度而变化，如图 4-56 所示。

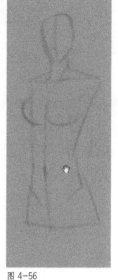

图 4-56

07 在上半身确定好的基础上，定好站姿，将腿部和手臂补充完整。腿部的线条尽可能地修长，给后期进行调整和修改的余地，如图 4-57 所示。

Tips

在画女性人体的过程中需要注意，女性的肩较窄，胯部较宽，一般比肩部稍微宽一些，腰要细，可以适当把小腿画长一些，肌肉不能像男性那样表达得过于清晰，轻微的交代一下即可。

图 4-57

08 大形绘出后，整体审视一下比例与站姿是否准确，正确的站姿是头部的重心可以落在两腿的中间，如果没有，则需要对腿部进行调整。单击【工具箱】>【套索工具】或使用快捷键【L】打开套索工具，将画面靠内的一条腿圈出，鼠标右键单击选择"自由变换"或使用快捷键【Ctrl+T】打开"自由变换"，再次单击右键，选择"斜切"，调整选中腿部的角度至准确位置，如图 4-58 所示。

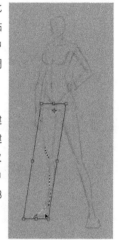

图 4-58

09 单击"新建"建立一个空白图层，使用快捷键【Ctrl++】放大画布，缩小画笔，在人体大形的基础上将女性人体的线稿勾勒出。注意肩膀应该圆润一些，转角不能太直，女性人体的肌肉穿插不需要像男性一样刻画明显，抓住整体感觉绘出外轮廓即可，如图 4-59 所示。

图 4-59

10 在上一步的线稿绘制中，需要将线条全部封住，为上色做准备。单击【工具箱】>【魔棒工具】或使用快捷键【L】打开"魔棒工具"，在画布中单击一下，将人体外轮廓框选，如图 4-60 所示。

图 4-60

≫ 4.4.2 女性柔美人体的明暗绘制

11 按住【Ctrl】键，单击"新建"在线稿图层之下建立一个空白图层，按住【Alt】键，将鼠标转换为吸管工具，吸取背景色后，打开拾色器，选择比背景色略深的颜色，单击【菜单栏】>【编辑】>【填充】或使用快捷键【Alt+退格键】将人体填充上前景色，如图4-61所示。

图 4-61

12 填充完底色后，观察整体可以发现颜色略深，因此需要进行调节修改。单击【菜单栏】>【图像】>【调整】>【色相/饱和度】或使用快捷键【Ctrl+U】打开"色相/饱和度"对话框，调节明度，使人体的底色变浅，达到合适程度后单击确定即可，如图4-62所示。

图 4-62

13 接着，需要给人体填充肤色。鼠标点选上一步骤中填充底色的图层，按住【Ctrl】键，单击图层的缩视图，将色块框选出，使用快捷键【Ctrl+H】隐藏框选线。按照刚才的方法，打开拾色器，选择一个肤色，使用快捷键【Alt+退格键】给人体填充前景色，如图4-63所示。

图 4-63

14 单击"新建"建立一个空白图层，将图层混合模式改为"正片叠底"，选择喷笔，使用的颜色选择肤色不改变，确定光源后，将人体的暗部绘出，如图4-64所示。

> **tips**
> 若涂抹范围过大过暗，可以直接使用【工具箱】>【橡皮擦工具】或使用快捷键【E】打开"橡皮擦工具"来直接擦除，分图层绘制的好处就在于可以将各图层各部分的内容分开修改，互不影响。

图 4-64

15 人体填充颜色之后，对比之下，黑色的线稿显得略为突兀，因此需要将其调整颜色。鼠标左键选择线稿图层，单击图层上方的"锁定透明像素"，打开拾色器，选择一个比肤色略深的颜色，使用快捷键【Alt+退格键】，即可将线稿改变为所选颜色，如图4-65所示。

图 4-65

16 线稿调整之后，若觉得略淡，可以单击【菜单栏】>【图像】>【调整】>【色相/饱和度】或使用快捷键【Ctrl+U】打开"色相/饱和度"对话框，对明度进行调节，将线稿适度调暗，如图4-66所示。

图 4-66

17 单击 "新建" 建立一个空白图层，将图层混合模式改为 "叠加"。打开拾色器，选择一个明度较高的暖色，并将喷笔的不透明度调低，将女性人体的亮面绘出，如图 4-67 所示。

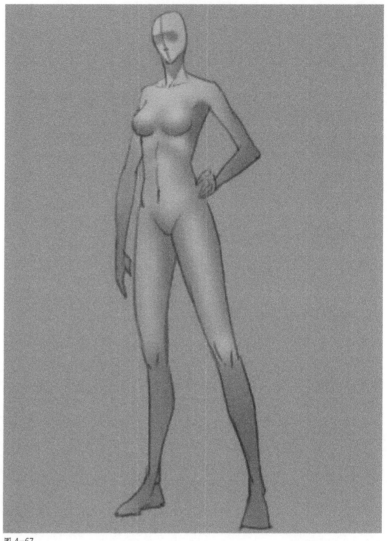

图 4-67

▶▶ 4.4.3 女性柔美人体的细化过程

18 按住【Ctrl】键，鼠标左键单击选择线稿、暗部、亮部图层，将三个图层一并选择，使用快捷键【Ctrl+E】合并三个图层。单击【菜单栏】>【图像】>【调整】>【曲线】或使用快捷键【Ctrl+M】打开 "曲线" 对话框，调整人体的整体色相与明度等，如图 4-68 所示。

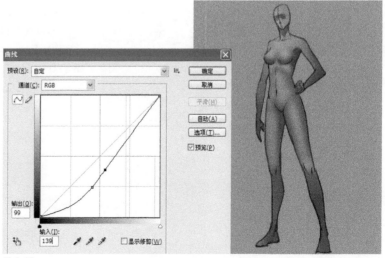

图 4-68

19 调整了之后颜色有些略深，我们可以使用合适的冷色将人体提亮。打开拾色器，选择冷色区域后，在颜色选取区域内的偏灰部分选取用色，不宜选取明度或饱和度过高的部分。选好颜色后，将喷笔的模式改为"叠加"并降低其不透明，放大画笔，在人体上刷一遍，提亮整体，如图 4-69 所示。

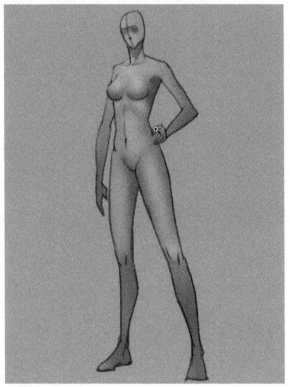

图 4-69

20 使用块面感强的画笔，将人体的肌肉走向和具体明暗绘出，笔触太过明显也没关系，之后还需使用喷笔去柔化和融合，如图 4-70 所示。

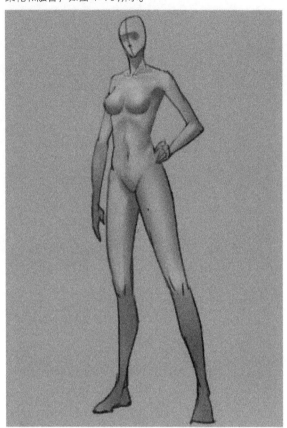

图 4-70

21 单击"新建"建立一个空白图层，选用喷笔，将画笔模式改为"正片叠底"，强调一下人体的暗部。使用正片叠底会比较容易将画面画"脏"，因此就需要将画笔模式改为"叠加"，并稍微调低画笔不透明度来提亮。提亮之后，单击【菜单栏】>【图像】>【调整】>【色相/饱和度】或使用快捷键【Ctrl+U】打开"色相/饱和度"对话框，将饱和度调低，使高光曝光度降低，如图 4-71 所示。

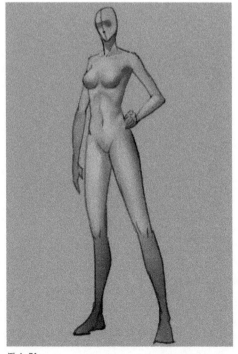

图 4-71

22 再将画笔模式改为"正片叠底",打开拾色器,选择红色,在人体的关节骨点部位轻轻绘出颜色,如图 4-72 所示。

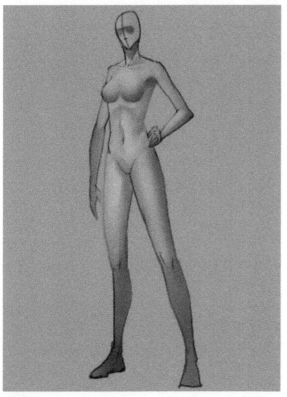

图 4-72

23 将画笔模式改为"颜色减淡",并将不透明度调至较低的程度,打开拾色器,选择白色,将人体的亮部提点一遍,如图 4-73 所示。

图 4-73

24 使用快捷键【Ctrl++】放大画布,按住空格键,鼠标左键拖动画布,将焦点集中在胸部。按住【Alt】键,将画笔转换为吸管工具,吸取高光的颜色,使用喷笔,将乳沟处的高光点出,再吸取周边的暗色,将乳沟两侧稍微压暗,如图 4-74 所示。

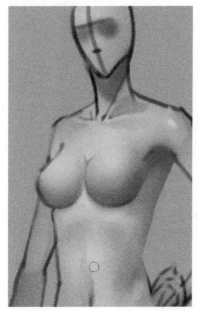

图 4-74

25 按住空格键,鼠标左键拖动画布,将焦点集中在腹部。女性人体也可以画出腹肌,但是不能过于明显,应若隐若现,显示出健康的感觉。不停按住【Alt】键将画笔和吸管工具来回转换,吸取周围的亮色和暗色来绘制,利用明暗之间的对比来表现腹部肌肉的立体感,如图 4-75 所示。

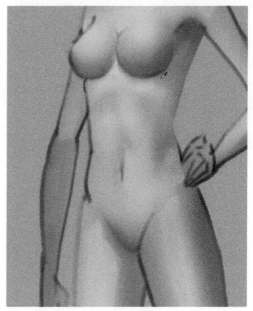

图 4-75

26 鼠标点选线稿图层之上的图层，使用喷笔将线稿覆盖，使线稿和人体的明暗融合在一起，如图 4-76 所示。

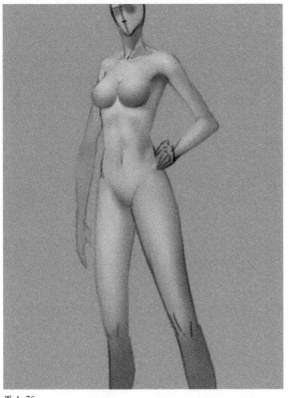

图 4-76

28 形体调整完成后，还需要对整体气氛进行调节。按住【Alt】键将画笔转换为吸管工具，吸取人体中的暗色，将喷笔的混合模式改为"正片叠底"，将腿部膝盖以下部分压暗，画面靠内的手臂也压虚压暗。某些需要压暗的特殊小部位，可以使用选区进行单独处理。单击【工具箱】>【套索工具】或使用快捷键【L】打开"套索工具"，将要单独处理部分圈出，用画笔在选区内涂抹，从而不会影响选区外部分，如图 4-78 所示。

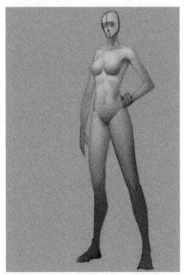

图 4-78

27 人体基本明暗完成后可以进行整体的体型站姿调整。单击【工具箱】>【矩形选框工具】或使用快捷键【M】打开"矩形选框工具"，将人体整个框选，单击右键选择"自由变换"或使用快捷键【Ctrl+T】打开"自由变换"，再单击右键，选择"斜切"，拖动边角使人体的站立角度发生变化，如图 4-77 所示。

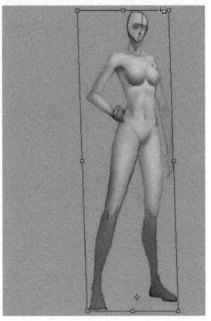

图 4-77

29 单击【菜单栏】>【图像】>【调整】>【色相/饱和度】或使用快捷键【Ctrl+U】打开"色相/饱和度"对话框，调节明度，使整体明度降低，如图 4-79 所示。

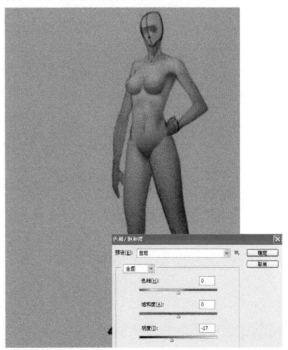

图 4-79

30 将喷笔的混合模式改为"颜色减淡"，并调低其不透明度，由于人体的上半身作为视觉中心，所以需要减淡其颜色，突出高光。将上半身整体提亮后，还需要在原来画笔不透明度的基础上，继续降低其不透明度，将胸部以上部分提亮，如图 4-80 所示。

31 人体部分处理完成后，就可以对面部进行细化。面部的细化包括明暗的绘制以及五官的绘制，先将五官的位置根据面部的正确比例大致绘出，接着将暗部与亮部绘出，利用明暗的对比来体现面部的立体感。之后将五官外轮廓完整绘出，此幅女性人体就算完成了，如图 4-81 所示。

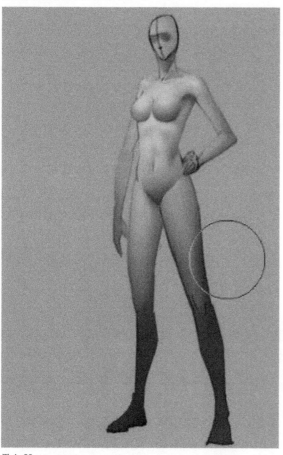

图 4-80

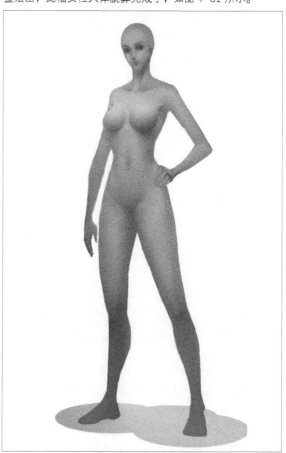

图 4-81

4.5 本章小结

本章通过两个绘制实例的列举，将人体结构的正确比例与肌肉的表现以实际情况为例讲解并绘制出来，在理论知识的铺垫下加深了对人体结构的学习，为人物的设计与绘制打好基础。

05

第 章

女性头像的绘制要点
——头像设计演示

前面学习了男女人体的画法，接下来进入头像画法教学。本章将主要学习头部的结构和脸部五官的正确位置分布、大小比例等，这也是人体绘制中非常重要的一部分。

5.1 头像结构介绍

头部的形体结构规律，主要表现为形体结构、外形特征和头部的基本比例与五官位置三个方面。

形体结构：头部的骨架形状，是介于圆球体和立方体之间的一个大面体，头部又分脑颅和面颅两部分。脑颅呈卵圆形，占头部的1/3，脑颅部的前额区构成了方形体块。面颅部则由颧骨区的扁平体块，上颌骨区的圆柱状体块，下颌部区的三角形体块组成，约占头部2/3。头部的形体特征及其面部的协调起伏，即是通过脑颅部与面颅部，以及额、颧、上颌、下颌构成的四个体块的相互穿插关系构成的，如图5-1所示。

外形特征：头骨的形状决定着头部的外形特征。它不仅表现出性别、年龄的差别，还包括各种个性差异。男性头部体积较大，趋于方正，前额后倾，眉弓与鼻骨较显著，下颌与额部带方形，枕部突出。在外貌上男性头部线条趋于刚直，形体起伏较大。女性头部体积较小，颜面的隆起和结节部位没有男性显著，但额丘、颅顶丘较突出。额部平直、下颌带尖，颜部趋圆。在外貌上，女性头部线条趋于柔和，形体起伏较小，如图5-2所示。老年头部顶丘因毛发稀疏而十分显著，牙齿脱落，因而牙床凹陷。面部缩短，五官集中，嘴部收缩，下颏突出前翘，是老年头部的显著特征。幼儿头部的脑颅体积占头部的5/6，面颅仅占头部1/6。头顶骨隆起，额丘高而显著，下颌小而圆，脑颅大，颏部内收，鼻根到嘴唇距离缩短等是幼儿头部最显著的特征。

头部的基本比例：头部的基本比例为"三庭五眼"，发际至眉间、眉间至鼻尖、鼻尖至下巴，三段的长度相等而通称"三庭"；从正面看脸部最宽的地方为五个眼睛的宽度，两眼间距离为一眼宽，两眼外眦至两耳分别为一眼宽，即通称"五眼"。

头与五官的位置关系：眼约在头面部1/2处，两眼处眦至鼻尖构成等腰三角形，这一三角形的高，决定着颜面中部的形体特征。鼻在面部正中突出部分，鼻尖处于额发际线至下颏底1/3的位置，鼻翼的宽度为一眼宽，从眼内眦引垂线可决定鼻翼的宽度。嘴的裂位于鼻尖至下颌底 1/3 处。耳处在左右两个侧面上，耳的长度等于眉到鼻尖的距离，从侧面观看耳与鼻的倾斜度基本一致，从正侧面观看时，耳屏、嘴角到眼处眦的距离相等，如图5-3所示。

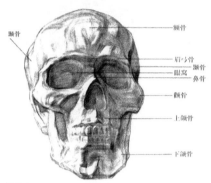

图 5-1

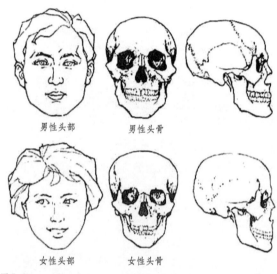

男性头部　　　　男性头骨

女性头部　　　　女性头骨

图 5-2

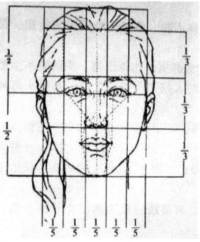

图 5-3

5.2 女性头像绘制流程

　　头像的设计绘制大致可以分为四个阶段：造型外轮廓的初步设计、上色、五官的绘制、整体细化。头像的绘制需要注意的是五官的比例与头骨的整体比例，画的过程中须不停地水平翻转来审视结构和大小的准确性和协调性，边画边修改以达到最完美的效果。

◆第一阶段：造型外轮廓的初步设计

　　绘制步骤：将脑中的设计思路用线稿简单画出，之后在此线稿的基础上将脸型和服饰更加清晰地表达出来。有了较为完整的外轮廓后，即可将五官的大致形状、大小、位置画出，如图5-4所示。

图 5-4

◆第二阶段：上色

　　绘制步骤：在确定了大形外轮廓之后，我们可以在设定的轮廓内使用色块来初步上色。使用大笔触将头发用色块形式表现出轮廓，选择一个暖色和一个冷色用于头像的皮肤上色，由于皮肤使用了一些绿色作为皮肤颜色的变化，因此背景的用色也要使用比较协调的冷色。但整体的冷色又使画面过于严肃和平淡，因此会在头像的装饰元素中添加一些暖色的搭配来使画面整体色彩更加协调，如图5-5所示。

图 5-5

◆第三阶段：五官的绘制

　　绘制步骤：使用快捷键【Ctrl++】放大画布，将之前定好位置与五官勾勒出轮廓。在绘制五官的同时，确定光源，继而将面部的明暗简略地表示出来，为之后的深入细化做好准备。打开拾色器，选择比皮肤颜色较亮的颜色，在面部打上高光。五官的形状和位置都确定好后，用黑色线条将眼睛的外轮廓勾勒明显，用红色将嘴唇直接绘出，并给面部添加基础暗部，突出五官的立体感，如图5-6所示。

图 5-6

图 5-6（续）

◆ **第四阶段：整体细化**

　　绘制步骤：将面部五官刻画完整，注意眼睛内部的眼球和高光，处理好眼部周围眼窝的明暗关系，才能突出眼睛的立体感。使用快捷键【Ctrl++】放大图像，不停地放大缩小画笔，对头发进行补充绘制。细化头发的时候注意力道的变化，使发丝深浅有别，体现出层次感。将头像扩展出的身体部分细化平滑之后，可以给裸露的皮肤添加一个纹身作为装饰，显得不那么单调，而纹身的图案可以使用素材来快速实现。最后，在细化面部皮肤的时候，注意融入多种色彩来表现明暗和高光，使面容更生动，如图5-7所示。

图 5-7

5.3 女性头像绘制演示

我们在画写实头像的时候，最重要的步骤就是对比例的把握，画出的头像要五官端正，就需要作画者严格遵循五官与面部的比例关系。而Q版头像则没有太硬性的规定，可以将比例夸张表现。下面我们就来详解写实女性头像的绘制过程。

5.3.1 女性头像外轮廓的绘制

01 首先，需要创建一块新画布，单击【菜单栏】>【文件】>【新建】或使用快捷键【Ctrl+N】新建画布，弹出对话框后根据需要对各参数进行设置，完成后单击"确定"按钮即创建成功，如图 5-8 所示。

02 按照以上参数创建出的画布是横向的，若要将画布变成竖向，可以单击【菜单栏】>【图像】>【图像旋转】>【90度（顺时针）】或【90度（逆时针）】，画布即可旋转为竖向，如图 5-9 所示。

图 5-8

图 5-9

03 将创建的画布填充一个背景色，可单击【菜单栏】>【编辑】>【填充】选择前景色或背景色，也可直接单击【菜单栏】>【图像】>【调整】>【色相/饱和度】或使用快捷键【Ctrl+U】打开"色相/饱和度"对话框调整画布颜色，如图 5-10 所示。

04 准备工作做好后就可以开始绘画创作了。单击"新建"建立一个空白图层，使用大画笔先将头像的大体轮廓绘出，显现出整体大形，并用辅助线标记出五官的大致位置，如图 5-11 所示。

图 5-10

图 5-11

Tips

在画的过程中，若是没掌握好大小，使得整个画面过大，画布无法容纳，可以单击【工具箱】>【矩形选框工具】或快捷键【M】打开矩形选框工具，将画面进行框选，【Ctrl+T】开启变形功能，按住【Shift】键并单击选框的任意一角拖动来实现画面的按照比例的放大或缩小。

05 外轮廓出来后，我们可以看出，起稿有些过大，使头像在画布范围之内不能完整表现，因此，需要将其缩小一些。单击【工具箱】>【矩形选框工具】或使用快捷键【M】打开"矩形选框工具"，将整个画布框选，单击鼠标右键，选择"自由变换"或使用快捷键【Ctrl+T】打开"自由变换"，按住【Shift】键来实现等比例缩放，鼠标左键拖动边角缩小线稿，如图 5-12 所示。

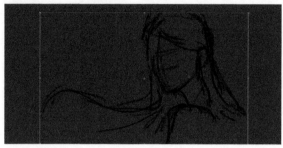

图 5-12

06 在绘制过程中，需要不停地左右水平翻转画布来审视比例是否正确。按上述步骤将画面框选后，使用快捷键【Ctrl+T】打开"自由变换"，再右击画面，选择"水平翻转"，如图 5-13 所示。

图 5-13

07 脸型确定之后，就可以在面部绘出五官的大体位置了。由于头像属于侧面又存在一定的角度，因此五官的绘制需要注意透视，可以借助辅助线来实现，如图 5-14 所示。

图 5-14

08 大形确定后，可以稍微修饰一下脸型的精确性，在整体有了更加清晰的纹路后就可以开始初步绘制五官。五官的绘制要遵循正确的大小比例以及各部分的定位，注重整体的和谐和统一，如图 5-15 所示。

图 5-15

09 由于五官等部位都只是处于起稿状态，并不是最终的线稿，因此，单击【工具箱】>【橡皮擦工具】或使用快捷键【E】打开"橡皮擦工具"，将不确定的部分虚化，以便接下来进一步绘制，如图 5-16 所示。

图 5-16

▶▶ 5.3.2 女性头像的初步上色

10 使用大笔触将头发用色块形式表现出轮廓，适当减淡其不透明度，单击"新建"建立一个空白图层，并将新建的图层拖动至初稿图层之下，使之后的绘制不会将初稿覆盖。打开拾色器，选择一个暖色和一个冷色用于头像的皮肤上色，如图 5-17 所示。

11 由于皮肤使用了一些绿色作为皮肤颜色的变化，因此背景的用色也要使用比较协调的冷色。但整体的冷色又使画面过于严肃和平淡，因此在头像的装饰元素中添加一些暖色的搭配，使画面更加协调，如图 5-18 所示。

图 5-17

图 5-18

▶▶ 5.3.3 女性头像的五官绘制

12 使用快捷键【Ctrl++】放大画布，确定好光源及受光位置，打开拾色器，选择一个冷色调的明度较高的颜色作为亮部颜色，将其涂抹在受光的位置，并将设定好的五官初稿用线条勾勒出来，如图 5-19 所示。

13 使用快捷键【Ctrl++】放大画布，将之前定好位置与大致形状的五官勾勒出轮廓。打开拾色器，选择比皮肤颜色较亮的颜色，确定了光源之后，在面部打上高光，如图 5-20 所示。

图 5-19

图 5-20

tips

> 眼睛的绘制需要注意的是，眼珠的 1/3 部分是被上眼睑遮盖住的，外观上来看是无法看见的部分，因此在画的时候只需要画出眼珠的 2/3 即可。绘制偏侧面的头像时需要注意五官的透视。嘴唇下方的下巴隆起处需要表示出来，不要忽略不计。

14 单击【工具箱】>【矩形选框工具】或使用快捷键【M】打开"矩形选框工具"，将整个画面框选，使用快捷键【Ctrl+T】，选择"水平翻转"，将画面翻转以审视比例是否正确。单击【菜单栏】>【滤镜】>【液化】，将面部结构和五官位置进行微调，如图 5-21 所示。

图 5-21

15 经过液化处理后，五官会稍微有些变形，因此需要用画笔边修复边深入刻画，并添加光影明暗，如图5-22所示。

图 5-22

16 在脸型与五官液化修改后，已经可以大致确认五官的位置大小和造型，此时，我们需要将修改后的脸型进行形状上的修饰，并将五官细致刻画出来，如图5-23所示。

图 5-23

17 一些部位需要整体调整或移动的时候，可以利用各种工具来实现。单击【工具箱】>【套索工具】或使用快捷键【L】打开"套索工具"，将整个唇部圈出，【Ctrl+T】打开"自由变换"，鼠标左键拖动边角进行变形，按住【Ctrl】键拖动来移动位置，如图5-24所示。

图 5-24

18 五官的形状和位置都确定好后，用黑色线条将眼睛的外轮廓勾勒明显，用红色将嘴唇直接绘出，并给面部添加基础暗部，突出五官的立体感，如图5-25所示。

图 5-25

tips

在调整五官位置和形状的过程中，可以使用【工具箱】>【套索工具】（快捷键为【L】），将需要修改部位圈选出，单击鼠标右键或使用快捷键【Ctrl+T】进行变形，若要移动位置，按住【Ctrl】键鼠标左键拖动至目标位置即可。

19 打开拾色器，选择一个偏红的冷色，作为面部的亮部颜色，将其绘于面部的受光部分。使用偏红颜色的目的是能让面容显现出好气色，而不是惨白，如图5-26所示。

图 5-26

20 单击"新建"建立新的空白图层，并将图层混合模式改为"柔光"，把不透明度调低至50%左右。打开拾色器，选择一个偏蓝的冷色，用于面部暗部的修饰，如图5-27所示。

图 5-27

5.3.4 女性头像整体的细化过程

21 五官和整体气氛都确定之后，单击【工具箱】>【矩形选框工具】或使用快捷键【M】打开 "矩形选框工具"，将整个画面框选，【Ctrl+T】打开 "自由变换"，单击鼠标右键选择 "水平翻转"，左右翻转后审视整个画面的协调性，对不协调处进行微调。继续使用 "矩形选框工具"，将头部框选，【Ctrl+T】打开 "自由变换"，稍微旋转头部，使其角度产生变化，按住【Ctrl】键拖动其位置，使其与脖颈的衔接更为紧密，之后将移动产生的背景缺失用颜色补上即可，如图 5-28 所示。

图 5-28

22 按住【Alt】键，将画笔转换为吸管工具，吸取面部颜色后，单击前景色，将所选的面部颜色往下拉，选择比面部用色稍暗的颜色作为暗部。将眼窝的暗部绘出，并将整个眼部细化出眼球等细节。打开拾色器，选择比面部皮肤颜色较亮的色彩作为高光绘于眉骨、额头等受光处，使面部结构更加立体，如图 5-29 所示。

图 5-29

23 使用快捷键【Ctrl++】放大图像，不停地放大缩小画笔，对头发进行补充绘制。细化头发的时候注意力道的变化，使发丝深浅有别，体现出层次感，如图 5-30 所示。

图 5-30

24 使用快捷键【Ctrl++】放大画布，按住空格键，鼠标左键拖动画布，将焦点集中在眼部。按住【Alt】键，将画笔转换为吸管模式，吸取较暗的颜色后，继续深化眼窝的阴影效果，如图 5-31 所示。

图 5-31

25 按住空格键，鼠标左键拖动画布，将焦点集中在鼻子部分。打开拾色器，选择淡粉色，在鼻头和鼻翼处轻微地刷一遍，将鼻孔用暗色加深，如图 5-32 所示。

图 5-32

26 将焦点移至嘴唇，按住【Alt】键将画笔转换为吸管模式后，吸取嘴唇的红色，打开拾色器，往下拉，选择比嘴唇颜色较深的颜色，用于绘制嘴唇的暗部。在拾色器中选择与嘴唇相近的粉色或橘色，用于亮部和高光的绘制，增加唇部的通透感和色彩丰富性，如图 5-33 所示。

图 5-33

28 按住空格键，鼠标左键拖动画布，将焦点移回眼部。眼部的细化首先将眼球绘制完整。这里需要注意的是，眼球只占了眼睛的 3/4，并不是完整的整个球体，在画眼球的时候，可以借助于工具，单击【工具箱】>【椭圆选框工具】，在眼球的位置拉伸出椭圆选框工具，在圆框内绘制眼球即可得到完美球体，如图 5-35 所示。

图 5-35

30 将眼头部分用白色打上高光，适当调低画笔的不透明度，将上睫毛与下睫毛绘出，并将眉毛加深加粗，如图 5-37 所示。

图 5-37

27 使用快捷键【Ctrl++】继续放大画布，按住空格键的同时鼠标左键拖动画布，将焦点集中在面部的下半部分，按住【Alt】键将画笔转换为吸管工具，吸取暗部或亮部颜色，将暗部及亮部的过渡处理自然，没有明显的交界及过大的笔触，如图 5-34 所示。

图 5-34

29 打开拾色器，选择一个饱和度高的冷色作为眼球内的高光。由于眼球是一个球体，因此需要用光影效果来表现出凸起的感觉。上眼皮对眼球及眼白形成的阴影也需要表现出来，如图 5-36 所示。

图 5-36

31 将背景的颜色与颜色之间的衔接处理平滑，使分界不明显。利用背景色与头发颜色结合，交错使用，将发丝细化，如图 5-38 所示。

图 5-38

32 将红发带细化完整，把暗部和亮部颜色的变化表现出来。将头像扩展的身体部分的边缘处理平整，如图 5-39 所示。

图 5-39

33 使用快捷键【Ctrl++】放大画布，按住空格键，鼠标左键拖动画布，将焦点集中在头顶，利用高光画出一些发丝，明暗结合使头顶的发丝有层叠感，层次分明。将鬓角处的发丝与皮肤的衔接处理自然，使过渡不明显，如图 5-40 所示。

图 5-40

34 将头像扩展出的身体部分细化平滑之后，可以给裸露的皮肤添加一些装饰，显得不那么单调。找一些图腾素材，在 PS 软件中打开，按住【Ctrl】键，鼠标左键拖动素材至作品画布中，如图 5-41 所示。

图 5-41

35 将素材图层的混合模式改为"正片叠底"，使用快捷键【Ctrl+T】打开自由变换，按住【Shift】键，鼠标左键拖动四角，可按照比例的放大或缩小。将素材的大小及位置都调整好后，右击素材，选择"变形"，将素材按照人体的弧度进行变形处理，如图 5-42 所示。

图 5-42

36 将素材图层的不透明度适当调低，单击"新建"建立一个新的空白图层，并将图层混合模式改为"浅色"。按住【Alt】键，在新建图层与素材图层的中间单击一下，建立素材图层的剪切蒙版，打开拾色器，选择和背景呼应的绿色，在素材部分位置轻轻涂抹，如图 5-43 所示。

图 5-43

37 单击选中素材图层，单击"添加图层蒙版"，给该图层创建一个白底蒙版。使用黑色的画笔，将素材图涂抹一次，如图 5-44 所示。

图 5-44

38 单击【菜单栏】>【滤镜】>【模糊】>【高斯模糊】，将数值进行如图 5-45 所示的设置，即可使图腾与身体更好地融合，效果更加自然。

图 5-45

39 单击"新建"建立一个空白图层，并将其不透明度适当调低一些，选用喷笔，按住【Alt】键将画笔转换为吸管工具，吸取皮肤的颜色，将肩部图腾受光的部分压淡一些，如图 5-46 所示。

图 5-46

40 按住空格键，鼠标左键拖动画布，将焦点集中在耳部。使用较暗的颜色将耳蜗内的暗部绘出，再给耳部添加高光，使整个耳蜗立体起来，如图 5-47 所示。

图 5-47

41 单击【菜单栏】>【滤镜】>【液化】
打开液化工具，使用向前变形工
具，将耳朵的形状进行微调，使其更符
合整体面部比例，如图 5-48 所示。

图 5-48

42 单击"新建"建立一个空白图层，单击【工具箱】>【涂抹工具】，并选中工具面板的"对所有图层取样"选项，使用
涂抹工具将耳朵内部的亮面和暗面的衔接处理平整，将笔触处理柔和，如图 5-49 所示。

图 5-49

43 单击"新建"建立一个空白图层，并将图层混合模式改为"柔光"，并把图层不透明度适当调低。选用喷笔作为工具，打开拾色器，选择暗黄色，在脸颊的下颌骨处刷一遍，再选择粉色，在颧骨处打造出腮红效果，如图 5-50 所示。

44 单击"新建"建立一个空白图层，选用雪花效果的笔刷，在面部制造雀斑效果。确定好位置后用笔刷在范围内刷一遍，超出范围的部分使用橡皮擦工具擦除，并将图层混合模式改为"正片叠底"，把不透明度适当调低，如图 5-51 所示。

图 5-50

图 5-51

45 使用快捷键【Ctrl++】放大画布，按住空格键并拖动画布，将焦点集中在眼部，缩小画笔将上下睫毛描绘出，如图 5-52 所示。

图 5-52

46 单击"新建"建立一个空白图层，打开画笔列表，在下载的笔刷中选择"混色油画笔"，并将其画笔预设中的"散布"勾选，将其范围调制如图5-53所示。将"其他动态"中的两项控制都改为"钢笔压力"，调整好后，使用亮色在皮肤的亮部轻轻涂抹一层，如图5-53所示。

图 5-53

47 单击【菜单栏】>【滤镜】>【模糊】>【高斯模糊】，将数值调整至如图5-54所示。单击【工具箱】>【减淡工具】或使用快捷键【0】打开"减淡工具"，将颧骨部位的高光颜色减淡，如图5-54所示。

图 5-54

48 最后，进行整体色调的调整。单击【菜单栏】>【图像】>
【调整】>【色彩平衡】或使用快捷键【Ctrl+B】打开"色彩平衡"对话框，调节各项数值如图 5-55 所示，并将图层不透明度适当调低。

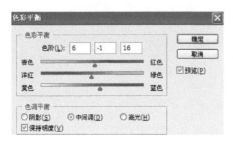

图 5-55

49 至此，这幅作品就完成了，整幅画作的完整效果如图 5-56 所示。

图 5-56

5.4 本章小结

　　本章针对人体的头部，先讲解了头部的结构与五官比例。和人体一样，要将头像及面部画准确，就必须掌握头骨结构与面部比例。之后围绕基础知识进行了实例操作，演示了人物头像的画法和要点。

06

第 **06** 章

刺客角色的绘制——
角色概念设计

　　游戏是一种新兴的产业，从 20 世纪末的初级发展到近几年来的快速发展，可谓
是如日中天。角色作为游戏的焦点，贯穿游戏的整个情节。因此，角色概念设计的好
坏直接决定整个游戏的兴衰。

6.1 刺客角色的设计思路

在一款游戏中，角色作为游戏的重点，始终贯穿游戏情节，是玩家关注的焦点，因此游戏角色的概念设计显得格外重要。游戏角色的设计思路一般分为：时代背景、角色设定与创意、角色种族、角色职业、角色性格、角色装备。

时代背景： 游戏中的角色有着不同的身份、地位，他们的功能既由其所在的时代背景定义，同时也依赖着他们所处的时代背景。在游戏中，根据人物的时代背景和民族区域性来体现游戏和角色的协调性。

角色设定与创意： 根据角色策划剧本，通过对文字的反复研究，从中了解游戏的整体性。参考各种素材后，对文字描述的角色进行草稿绘制，这些设定包括角色的种族、职业、性格及装备。

角色种族： 通过对人体骨骼、肌肉、形体比例的了解，在以人类为基础模型的基础上，衍生出各种不同种族的生物。最基本的种族分类有人类、精灵族、爱人、兽人、亡灵等。

角色职业： 游戏中的职业一般不会考虑其现实作用，所以设计职业时只要考虑这种职业的定位。一般来说，游戏中都有三大职业定位，第一种是战士、圣骑士等；第二种是法师、猎人等；第三种是牧师、祭祀等。设计职业的时候要考虑各种职业间的平衡性。

角色性格： 每个角色想要获得灵魂，就要赋予其丰富饱满的性格，有性格的角色才会让人觉得真实，在玩家间产生共鸣。大部分由玩家操纵的角色性格都是正面的、阳光的，所以这就要求设计师在赋予角色性格的时候要注意正反两种性格。

角色装备： 在虚拟的游戏里，各种角色不一定是为了保护身体才穿着衣服，但是各种服饰在与他人的社交过程中依然显得十分重要。这就使得设计师在设计角色装备时，不仅要考虑到如何搭配，更要想方设法体现服饰所代表的角色性格、内涵以及身份地位，而且还要结合游戏的时代背景来设计。

6.2 刺客角色设计绘制流程

角色设计绘制归纳起来可以分为五个阶段：初步线稿的绘制、最终线稿的绘制、上色、整体明暗的表达、角色细化。角色的设计绘制的重点在于其设计，一个成功的角色塑造离不开新颖独特的设计，而设计的灵感来源于日常生活中的积累。下面就针对其设计流程做一个归纳讲解。

◆**第一阶段：初步线稿的绘制**

绘制步骤： 在设计的初始状态，脑中要有一定的设计思路，对一些装饰元素有大致的设想。有了一定的思路后，将想法在画布中初步描绘出来，不需要精细，甚至只是大形的剪影也无妨，确定一个外轮廓就等于完成了初步线稿的绘制，如图6-1所示。

图 6-1

◆**第二阶段：最终线稿的绘制**

绘制步骤： 【Ctrl++】将画布放大，缩小画笔，在第一阶段绘出的最初线稿的基础上，根据自己设计的各部分装备和装饰元素，以清晰完整的线条绘出。在画的过程中，可以不断加入新的灵感和设计，但需要注意，线条一定要清晰整洁，以便下一步框选之用，如图6-2所示。

图 6-2

◆ **第三阶段：上色**

　　绘制步骤：将整个线稿框选后，整体填充一个单填色。再单填色基础上，对各个块面进行单个框选，需要填充同个颜色块面可以同时框选，统一填充颜色。需要注意的是，这一阶段中，可以采取一个图层一种颜色的方法进行填充，方便之后对颜色进行后期调节而不需要再将颜色进行框选，如图6-3所示。

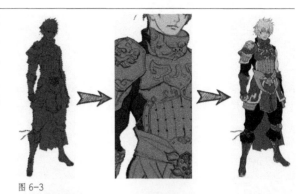

图 6-3

◆ **第四阶段：整体明暗的表达**

　　绘制步骤：这里我们使用蒙版来绘制图像的明暗。画暗部的时候，将图层的混合模式选为"正片叠底"，按住【Alt】键单击创建一个黑底蒙版，用喷笔将图像中需要加深阴影的部分绘出。画亮部的时候，将新建的图层的混合模式选为"滤色"，按【Alt】键单击创建一个黑底蒙版，用喷笔将亮部绘出，如图6-4所示。

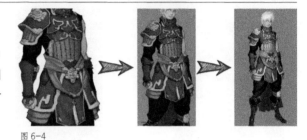

图 6-4

◆ **第五阶段：角色细化**

　　绘制步骤：最后的细化过程，就是将装备以及装饰元素的细节部分进行刻画，提升立体感以及将暗部亮部的关系深入表达。【Ctrl++】放大画布，焦点一次集中在需要细化的部位，通过勾勒边缘和暗亮部的处理以达到细化效果，如图6-5所示。

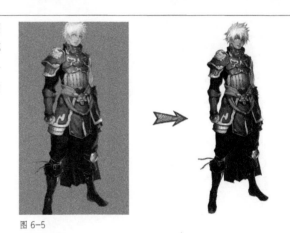

图 6-5

6.3 刺客角色设计绘制演示

　　在以上的演示中我们学习了人体裸模的绘制以及人体面部头像的绘制，那么接下来，将结合所学的知识，设计并绘制一个完整的角色。在角色设计中，首先讲究的是人体造型，先要画出一个比例正确、造型流畅的人体裸模，然后再在裸模上设计装备。设计套装和装备的时候，需要注意其合理性，追求实用性的同时适当提升美观性。

》6.3.1 刺客角色线稿的绘制

01 单击【菜单栏】>【文件】>【新建】或使用快捷键【Ctrl+N】打开"新建"面板，将"预设"选为"国际标准纸张"，"大小"选为"A4"，"颜色模式"一定要是"RGB模式"。设置好后单击"确定"按钮，将新建一张空白画布。在空白图层上放大画笔，将角色的大致造型和服饰、装备的初步设计大形绘出，如图6-6所示。

02 单击"新建"建立一个空白图层。单击【工具栏】>【画笔工具】或使用快捷键【B】打开画笔工具，选择一个合适的画笔后，使用快捷键【]】放大画笔，将人体大致造型画出，在确定人体结构、比例无误之后，以简略线条初步将服饰装备设计绘出。将此图层的不透明度调低，使整个画面呈半透明状态。单击"新建"建立一个空白图层，使用快捷键【[】缩小画笔，【Ctrl++】放大画布，在半透明的人体及设计大形上将设计进行细化，如图6-7所示。

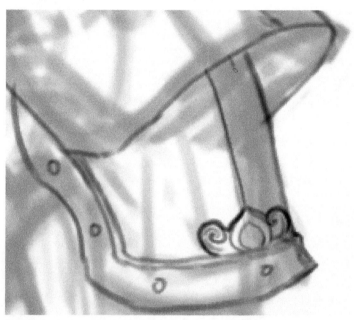

图 6-7

03 在细化的过程中，将原来最初的整体大形的设计思路转换成对服饰和装备细节部分的设计，在勾勒出外轮廓的同时要针对内部的细节做出较为细致的设计，如图6-8所示。

图 6-6

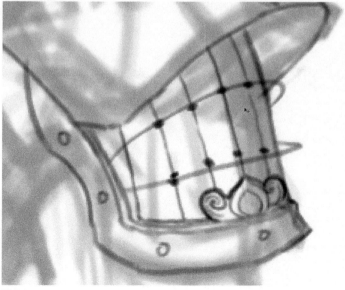

图 6-8

04 当我们需要在服饰或装备上绘制一些装饰元素的时候，需要特别注意装饰元素与服饰、装备本体的衔接和统一，因此装饰元素需要顺着服饰、装备的走向和弧度来设计和绘制。为保证透视正确，在画装饰元素的时候，需要在服饰、装备上画出辅助线，将服饰、装备的弧度表示出来，再根据辅助线来绘制装饰元素，可提高准确率，如图 6-9 所示。

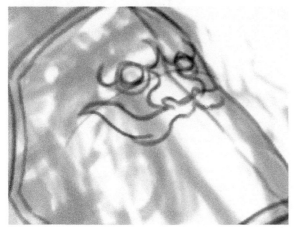

图 6-9

06 在设计角色的时候，一些服饰、装备的元素设计需要根据所设定的角色的职业或个性来定制。例如，现在所演示的是设计一个刺客角色，因此，需要其服饰、装备的元素符合刺客的形象，让人一看就立即联想到刺客，如图 6-11 所示。

图 6-11

08 对于一个站立的角色造型来说，脚部的绘制显得非常重要。在脚部的绘制中，必须确保两只脚处于同一个平面，并且这双脚能够让此角色站稳，如图 6-13 所示。

05 在服饰、装备的兽头绘制中，需要注意神态的表达，一般盔甲上的兽头要画出凶猛、不可一世的感觉，如图 6-10 所示。

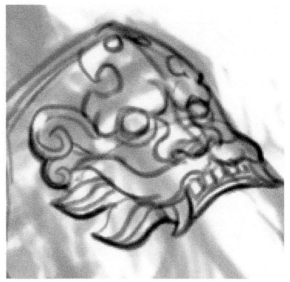

图 6-10

07 在绘制胸甲上的装饰时，由于角色的站姿是 45° 角站立，因此胸甲的装饰就需要特别注意透视，确保装饰与胸甲的统一性和协调性，如图 6-12 所示。

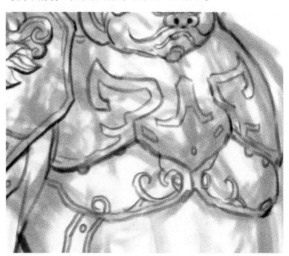

图 6-12

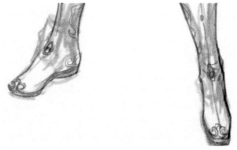

图 6-13

09 描绘面部的时候，注意结合人体面部五官结构与比例的知识点，将五官的位置大小把握得精确到位，如图 6-14 所示。

图 6-14

10 将线稿描绘出来后，单击【工具箱】>【魔棒工具】或使用快捷键【W】打开魔棒工具，单击画面将整个画面框选。单击鼠标右键，出现选项框，选择"反向选择"，即可框选出图像部分，如图 6-15 所示。

图 6-15

11 按住【Ctrl】键，单击"新建"，将在线稿图层的下方建立一个空白图层作为色稿层。打开拾色器，选择一个单填色，单击【工具箱】>【油漆桶工具】或者使用快捷键【G】打开油漆桶工具，鼠标左键在图像中单击，即可将图像填色。或单击【菜单栏】>【编辑】>【填充】，快捷键是【Shift+F5】，此方法也可将图像快速上色，如图 6-16 所示。

图 6-16

12 单击█将色稿图层暂时隐藏，单击线稿图层，对其进行修改。单击【工具箱】>【矩形选框工具】，将图像框选。使用快捷键【Ctrl+T】打开变形工具，将人体横向拉伸，如图 6-17 所示。

图 6-17

13 单击【菜单栏】>【滤镜】>【液化】打开液化工具，使用"向前变形工具"将人体结构上一些细微的不恰当处进行适当调整，如图 6-18 所示。

图 6-18

14 单击选择色稿图层，单击【工具箱】>【魔棒工具】或使用快捷键【W】打开魔棒工具，单击色稿内范围，将色稿框选，打开拾色器，选择一个作为皮肤颜色，单击画笔工具，选择喷笔，取消选中画笔预设中的"其他动态"选项。单击"新建"建立一个空白图层，用喷笔在裸露的皮肤上填满颜色，如图 6-19 所示。

图 6-19

16 将所有部位都填好色后，对每个图层逐一进行色彩调节。单击【菜单栏】>【图像】>【调整】>【色相/饱和度】或使用快捷键【Ctrl+U】打开"色相/饱和度"对话框，对每个图层进行色相、明度、饱和度的调节以达到理想颜色，如图 6-21 所示。

图 6-21

▶▶ 6.3.2 刺客角色明暗的绘制

18 按住【Ctrl】键的同时单击所有显示的图层，将这些图层全部选中，拖动所有选中图层至 新建处，新建并复制所选图层。使用快捷键【Ctrl+E】将复制的新建图层合并成为一个图层，再将复制前的原始图层全部选取，拖动至 创建新组处，将所选图层创建至组中。使用快捷键【Ctrl+J】把合并后的图层复制产生新图层，将复制图层的混合模式选为"正片叠底"并按住【Alt】键创建一个黑底蒙版，得到如图 6-23 所示的效果。

15 在上色的过程中，对将使用同样颜色的部分都另起图层进行上色，例如，皮肤所使用的颜色为一个图层，套装所使用的颜色为另一个图层。这样做的目的是，在上完色后，如果要进行修改，可选中要修改的色稿图层，单独调节其明度、饱和度、色相等而不影响其他部分的颜色，如图 6-20 所示。

图 6-20

17 单击选取线稿图层，使用快捷键【Ctrl+J】复制产生新图层，将原来的线稿图层隐藏，并把新建的复制线稿图层的不透明度适当降低，使线稿不那么明显，如图 6-22 所示。

图 6-22

图 6-23

19 接着就是进行明暗的描绘了。在画暗部的过程中，对一些细节需要特别注意，服饰及装备的厚度和立体感是要借助暗部来体现的，如图 6-24 所示。

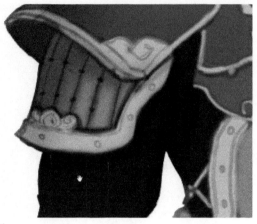

图 6-24

20 用喷笔将暗部基本描绘一遍后，把图层的不透明适当调低一些，使暗部看起来不那么唐突，如图 6-25 所示。

图 6-25

21 使用快捷键【Ctrl+E】将两个图层合并，使用快捷键【Ctrl+J】再次将此图层复制，将新建的复制图层的混合模式选为"正片叠底"，按住【Alt】键单击 ◙ 创建一个黑底蒙版，用喷笔将图像中需要加深阴影的部分再描绘一遍，如图 6-26 所示。

图 6-26

22 使用快捷键【Ctrl+E】将两个图层合并，【Ctrl+J】再次将此图层复制，将新建的复制图层的混合模式选为"滤色"，按住【Alt】键单击 ◙ 创建一个黑底蒙版。单击背景图层，单击【菜单栏】>【图像】>【调整】>【色相/饱和度】或使用快捷键【Ctrl+U】打开"色相/饱和度"对话框调节其明度，使背景呈现灰色，如图 6-27 所示。

图 6-27

23 确定一个光源，用喷笔将图像的亮部描绘出来，如图 6-28 所示。

图 6-28

24 使用快捷键【Ctrl+E】将两个图层合并，使用快捷键【Ctrl+J】再次将此图层复制，将新建的复制图层的混合模式选为"滤色"，按住【Alt】键单击 ◙ 创建一个黑底蒙版。使用快捷键【Ctrl++】放大画布，缩小喷笔，将图像中高光的部位点出。注意，在描绘高光部位时不能够一片一片地涂抹，而是小范围提点，如图 6-29 所示。

图 6-29

▶▶ 6.3.3 刺客角色的细化过程

25 使用快捷键【Ctrl+E】将两个图层合并,单击【菜单栏】>【图像】>【调整】>【色相/饱和度】或使用快捷键【Ctrl+U】打开"色相/饱和度"对话框,先对全图颜色调节,然后将"编辑"处调整为"绿色",然后也进行数值调节,得到如图6-30所示的效果。

图 6-30

27 按住【Ctrl】键,单击图层中的角色,将角色的暗部框选出来,使用快捷键【Ctrl+C】复制暗部,【Ctrl+V】新建并复制这些暗部至新图层。单击▨将原来的图层隐藏,得到如图6-32所示的效果。

图 6-32

26 使用快捷键【Ctrl+J】新建并复制图层,单击【工具栏】>【减淡工具】或使用快捷键【O】打开减淡工具,在画笔中挑选一个喷溅式的画笔,对图像中高光部分再次进行提亮,如图6-31所示。

图 6-31

28 将上一步骤中隐藏的图层取消隐藏,单击 fx,选择"渐变叠加"。单击"渐变"进入"渐变编辑器",选择要渐变的方式以及渐变所使用的颜色,颜色又分为上半部分的颜色和下半部分的颜色。调节完成后单击"确定"按钮回到图层样式,调整渐变的角度及缩放,完成后单击"确定"按钮即可得到下图,如图6-33所示。

图 6-33

29 使用快捷键【Ctrl+J】将上一步骤中隐藏的图层复制为新图层，【Ctrl+E】把带有渐变叠加的图层与之合并，单击"新建"建立一个空白图层，将图层的混合模式选为"线性减淡"，鼠标单击选择合并的图层，按住【Ctrl】键并单击图层中的图像部分，即可将外轮廓框选。打开拾色器，选择一个偏深蓝的颜色单击"确定"按钮，用喷笔在角色的边缘和反光部位勾勒一遍，如图 6-34 所示。

图 6-34

30 单击【菜单栏】>【图像】>【调整】>【色相/饱和度】或使用快捷键【Ctrl+U】打开"色相/饱和度"对话框，对反光的色彩进行调节，如图 6-35 所示。

图 6-35

31 单击"新建"建立一个空白图层，将图层的混合模式选为"正片叠底"。按住【Alt】键单击创建一个黑底的蒙版，单击【工具栏】>【渐变工具】或使用快捷键【G】打开渐变工具，将渐变方式选为"径向渐变"，由下往上拉渐变线，使暗部至下而上发生渐变。使用快捷键【Ctrl+E】合并图层，如图 6-36 所示。

图 6-36

32 鼠标左键单击选取背景图层，使用快捷键【Ctrl+U】打开"色相/饱和度"将明度调为最低，使图层呈现黑色，以便观察角色明暗变化是否正确。单击选择角色图层，单击【菜单栏】>【图像】>【调整】>【曲线】或使用快捷键【Ctrl+M】打开"曲线"，做适当调整后得到如图 6-37所示的效果。

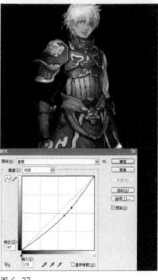

图 6-37

33 将背景色调回灰色。单击"新建"建立一个空白图层，将图层的混合模式选为"叠加"，使用吸管工具，吸取图像中的亮色涂抹亮部，吸取图像中的暗色涂抹暗部，如图6-38所示。

图6-38

34 将暗部适当压暗，亮部适当提亮，完成后把此图层的不透明度适当调低，使暗部、亮部显得自然，如图6-39所示。合并图层。

图6-39

35 单击"新建"建立一个空白图层，将图层的混合模式选为"叠加"。吸取亮部的颜色，将图像中高光的位置提点出来，注意不可大范围使用高光，如图6-40所示。合并图层。

图6-40

36 单击"新建"建立一个空白图层，使用快捷键【Ctrl++】放大画布，将焦点集中的肩部的兽头。把兽头的边缘用深色线条勾勒一遍，突起部位用亮色提点，一明一暗便突显出了兽头的立体感。按住【Alt】键打开吸管工具，吸取一个暗色，用喷笔将兽头背光部分稍微压暗，调节此图层的不透明度，如图 6-41 所示。合并图层。

图 6-41

37 单击"新建"建立一个空白图层，继续将焦点集中在肩部。增强兽头部位的明暗对比，使之表现得更为立体。将肩甲部位的线条描绘清晰，体现出层次感，如图 6-42 所示。合并图层。

图 6-42

38 单击【工具箱】>【矩形选框工具】或使用快捷键【M】打开矩形选框工具，将整个画面框选，右击画面，选择"水平翻转"，画面翻转后，审视一下肩甲的透视是否正确。单击"新建"建立一个空白图层，将图层混合模式选为"柔光"，打开拾色器，选择一个冷色，用喷笔打在兽头及肩甲的背光部位，使用快捷键【Ctrl+U】打开"色相/饱和度"对话框进行数值调节得到如图 6-43 所示的效果。合并图层。

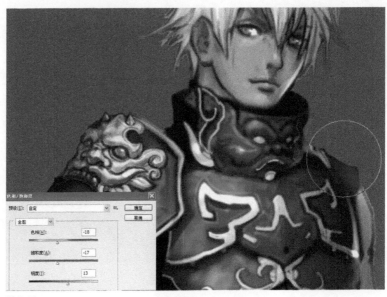

图 6-43

39 单击"新建"建立一个空白图层。
按住【Alt】键打开吸管工具，吸取画面中的颜色，用喷笔对周围均匀涂抹，使各块面衔接自然，画面柔和不突兀，适当调节图层的不透明度，如图6-44所示。合并图层。

图 6-44

40 单击"新建"建立一个空白图层，将图层的混合模式选为"叠加"。再次将肩甲及兽头的高光部分点出，并将兽头的暗部及部分边缘线条加深以体现轮廓。再次单击"新建"建立一个空白图层，将其不透明度调低至百分之十几，按住【Ctrl】键，单击此步骤中两个新建图层以及原始图层，使用快捷键【Ctrl+E】将三个图层合并，如图6-45所示。

图 6-45

41 单击"新建"建立一个空白图层，将图层的混合模式选为"叠加"，打开拾色器，选择一个暗色，用喷笔将角色的暗部稍微加深一遍，此角色设计即可完成，如图6-46所示。

图 6-46

6.4 本章小结

　　本章主要内容侧重于人物的造型设计，在熟悉了人体结构以及骨骼肌肉分布后，结合这些知识点进行了案例的分析讲解，中心点围绕着人体结构基础，再拓展到一个完整角色的设计，层层深入。

第3篇　怪物设计篇

07

第　　章

双头拟人怪和铁爪
拟人怪的绘制——
人型怪物设计演示

接下来的章节中，我们将学习有关游戏中怪物的设计和绘制。在学习怎么画之前，依然需要先对基础知识进行初步了解。

在电玩游戏越来越红火的今天，人们对于电玩游戏的要求也在持续提升中，要求人物角色要精致，要求故事剧情要丰富，要求动作背景要逼真，还有最重要的是要好玩。在这些许多的条件之中，与玩家互动最多的就是游戏中的一些角色了，除去NPC之外，与玩家互动最多的就要数游戏中的怪物了。

怪物的设计可以是天马行空的、大胆的，不必在意结构正不正确，因为没有标准，可以充分发挥想象，设计出具有个人特色的怪物。在设计怪物的时候，可以依照物物碰撞的思路方式进行造型和构图的初步设想。

有时候，最疯狂的想法正是最管用的。物体之间的碰撞与组合，往往可以衍生出多种不同且新奇的造型。

动物组合：这其实是一个很普遍的做法，但增加一些想象力，还是值得一试的。基本上，这只需要任意的两组动物，最好是由不同的人创作的图像。接着，把这两组动物组合起来，设想出拼接后的产物，如图7-1所示。

极端的物物组合：第二种物物碰撞的组合是任何你能想到的东西，只要它能带来创作灵感，什么物体都能充分利用，而不仅仅局限于动物。有时候，生物与生活用品的模糊组合也能产生意外的效果，带给人不一样的视觉感受，如图7-2所示。

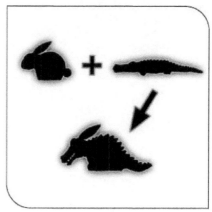

图 7-1

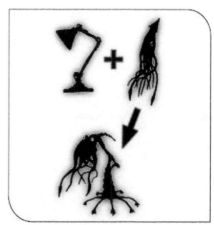

图 7-2

7.1 双头拟人怪设计绘制流程

怪物的分类根据其外表造型特征可分为两类，人型怪和异型怪。人型怪是指具有一定人体外形特征的怪物。

人型怪物的绘制概括起来可以分为五个阶段：外轮廓剪影的绘制、线稿的描绘、上色、明暗的表达以及整体细化。在设计和初步定位的过程中，由于人型怪没有固定体型，只要外形具有人体外形特征即可，因此如何设计人型怪完全看绘画者的创意与见解。

以下演示的绘画作品为作者临摹，原著来源于网络，如图7-3所示。

图 7-3

◆第一阶段：外轮廓剪影的绘制

　　绘制步骤：放大画笔，使用大笔触将脑中对人型怪的整体造型设计绘出，不需要细节的描绘，此步骤只需绘出怪物的整体大形，为之后的线稿绘制做铺垫，如图7-4所示。

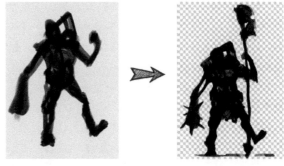

图 7-4

◆第二阶段：线稿的描绘

　　绘制步骤：在怪物的大形确定后，将剪影图层的不透明度降低，使其呈现出半透明状态，便于线稿的描绘。按快捷键【Ctrl++】放大画布，缩小画笔描绘线稿。在线稿的绘制过程中，需要将内部的细节也画出，边画边想，不断添加设计元素，丰富整个画面。此案例中，线稿的最终确定是分为两次进行，第一次粗略地画出带有设计的初步线稿，第二次再精细描绘，使最终线稿线条连贯清晰，如图7-5所示。

图 7-5

◆第三阶段：上色

　　绘制步骤：利用魔棒工具将线稿框选，单击"新建"建立一个空白图层，给图层填充一个颜色，作为整个怪物体的底色。使用调色工具"色相/饱和度"对图像进行色彩调节，得到想要的底色，之后的各局部填色将使用每个或每几个部分一个图层的方法分别进行填色。这样做的好处是后期对色彩进行调节时，可以单独对某一或某些不满意的部分单独调节而不会互相影响。填好色后，利用各种调色工具对整体进行微调，如图7-6所示。

图 7-6

◆第四阶段：明暗的表达

　　绘制步骤：明暗的绘制在绘画过程中耗时比重较大，因此这是一个很重要的步骤，需要一步一步深入细化。新建一个空白剪切蒙版图层，并将其图层混合模式选为"正片叠底"，创建一个黑底蒙版，前景色为白色，用其绘制暗部。再新建一个空白剪切蒙版图层，并将其图层混合模式选为"滤色"，创建一个黑底蒙版，前景色依然为白色，用其绘制亮部。有了初步的明暗关系后，再深入刻画，使黑白灰三大面衔接过渡自然，并能够突显出整体的立体感，如图7-7所示。

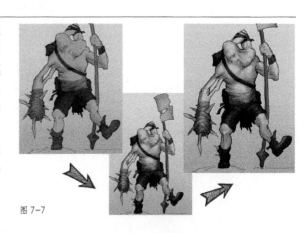

图 7-7

◆第五阶段：整体细化

绘制步骤： 在明暗关系基本确立之后，就是整体的细化过程。细化中，注意不同物体材质的不同表现，以及有厚度有间隙的物体都要将其投影绘出。给怪物的服饰以及身体部位添加一些装饰和疤痕等修饰元素，使怪物显得更为生动。用喷笔在已经细化好明暗的怪物身体部位，用高光添加一些暖色和冷色，既能形成冷暖对比，又能丰富整体色彩感。最后，用图像中的背景色将图中靠后的部分压虚，突显主要部分，锐化一次后，此画作即可完成，如图7-8所示。

图 7-8

7.2 双头拟人怪设计演示

接下来将针对人型怪物的设计及绘画技巧进行一些实例讲解分析，人型怪在画法上还是需要参考人体结构的，但不必严格按照人体比例来画，只需保持整体外轮廓为人型即可。

7.2.1 双头拟人怪外轮廓设计与线稿的绘制

01 一如惯例，首先，第一步是创建一个新画布。单击【菜单栏】>【文件】>【新建】或者使用快捷键【Ctrl+N】打开"新建"，如图7-9所示中的参数进行设置，单击确定即可建立画布。建好后，单击【菜单栏】>【图像】>【调整】>【色相/饱和度】或使用快捷键【Ctrl+U】打开"色相/饱和度"对话框调节明度，使画布呈现灰色。

02 打开画笔预设，选择一个合适的画笔，按【]】键放大画笔，用大笔触将脑中设想好的怪物的大致形体和造型用剪影的形式绘出，在这初始步骤中，不需要画出细节，只要表达出外轮廓和造型动作即可，如图7-10所示。

03 在外轮廓没有确定之前，不断地往剪影上添加设计，使人型怪的形象更加丰富和生动，如图7-11所示。

图 7-9

图 7-10

图 7-11

04 剪影大致完成后，按【[】键缩小画布，以小画布形式来观察整个画面是否协调。如需要修改，单击【菜单栏】>【滤镜】>【液化】进入液化界面，使用"向前变形工具"对图中需要修改的部分进行液化，如图7-12所示。

图 7-12

05 剪影修改完成后，调整此图层的不透明度，使该图层呈现半透明状态，以便进行线稿的描绘。单击"新建"建立一个新图层，如图7-13所示。

图 7-13

06 【Ctrl++】放大画布，缩小画笔描绘线稿。在线稿的绘制过程中，需要将内部的细节也画出，如图7-14所示。

tips

画线稿的过程中，不仅需要画出细节，还要将设计概念完善成具体的线稿，边画边添加一些设计，使画面丰富起来。

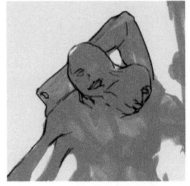

图 7-14

07 第一遍线稿描绘完成，得到如图7-15所示的效果。

图 7-15

08 通常线稿的描绘可以分为两次完成也可一次完成，若要一次性绘出最终线稿，则需在描绘过程注意线条的清晰度和连贯度，线条不可杂乱。若分两次进行，第一遍的时候可以只在意细节和设计的具体化，第二遍的时候再注意线条的连贯性。再次将图层的不透明度调低，使整个画面呈现半透明状态，便于第二次的线稿描绘，如图7-16所示。

图 7-16

09 图像透明度处理妥当后，使用快捷键【Ctrl++】放大画布，按【[】缩小画笔，在第一次线稿的基础上将图像再描绘一遍，注意线条的整洁和连贯，如图 7-17 所示。

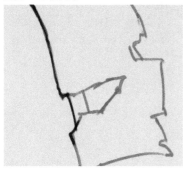

图 7-17

10 线稿描绘完成后，将第一次线稿图层和最终线稿图层的不透明度再次调低一些，按住【Ctrl】键，单击两个图层，将两个图层全选，【Ctrl+E】合并两图层，单击【工具栏】>【魔棒工具】或使用快捷键【W】打开魔棒工具，在画面中单击一下，将外轮廓框选，如图 7-18 所示。

图 7-18

7.2.2 双头拟人怪明暗的绘制

11 框选后，将线稿图层的图层混合模式选为"正片叠底"，按住【Ctrl】键，单击"新建"在线稿图层之下建立一个空白图层，单击【菜单栏】>【编辑】>【填充】或使用快捷键【Shift+F5】给框选区域填充一个前景色，如图 7-19 所示。

12 填充完毕后，颜色为很深的黑色，单击【菜单栏】>【图像】>【调整】>【色相/饱和度】或使用快捷键【Ctrl+U】打开"色相/饱和度"对话框，调节明度，使填充的颜色变亮，如图 7-20 所示。

13 单击"新建"建立一个空白图层，按住【Alt】键，在新建图层与色稿图层的中间单击一下，建立剪切蒙版。单击选中剪切图层，单击【菜单栏】>【图像】>【调整】>【色相/饱和度】或使用快捷键【Ctrl+U】打开"色相/饱和度"对话框，勾选"着色"，调节各属性得到如图 7-21 所示的效果。

图 7-19

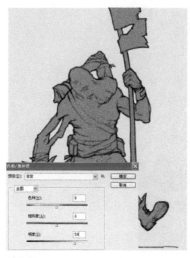

图 7-20

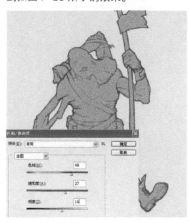

图 7-21

14 色稿的确定需要经过多次的色彩调节，找到最合适的颜色。单击【菜单栏】>【图像】>【调整】>【色相/饱和度】或使用快捷键【Ctrl+U】打开"色相/饱和度"对话框，调节明度，使画面整体变得稍暗一些，如图 7-22 所示。

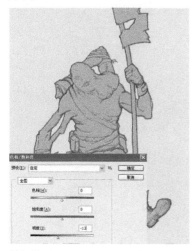

图 7-22

15 单击"新建"建立一个空白图层，按住【Alt】键，在新建图层与填充图层的中间单击一下，建立剪切蒙版，打开拾色器，选择一个和整体底色相同色系又深于底色的颜色，用画笔涂抹在怪物的裤子部分，如图 7-23 所示。

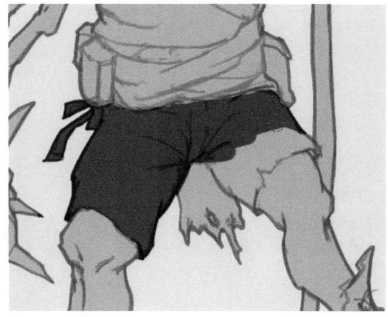

图 7-23

16 单击"新建"建立一个空白图层，按住【Alt】键，在新建图层与此图层之下图层的中间单击一下，建立剪切图层，打开拾色器，选择一个颜色，用画笔涂抹在鞋子部分，如图 7-24 所示。

tips

在选用不同的颜色对各部分进行填充时，注意所选颜色不要跨度过大，显得跳脱，应选取较为相近的颜色。

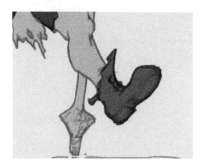

图 7-24

17 单击"新建"建立一个空白图层，按住【Alt】键，在新建图层与此图层之下图层的中间单击一下，建立剪切图层，打开拾色器，选择一个颜色，用画笔均匀涂抹在各部分，如图 7-25 所示。

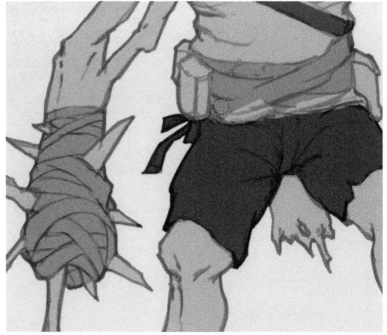

图 7-25

18 单击选中底色图层，单击【菜单栏】>【图像】>【调整】>【色相 / 饱和度】或使用快捷键【Ctrl+U】打开 "色相 / 饱和度" 对话框，调节各数值选项，如图 7-26 所示。

图 7-26

20 继续对下一图层的颜色进行调节。单击选中该颜色图层，单击【菜单栏】>【图像】>【调整】>【色相 / 饱和度】或使用快捷键【Ctrl+U】打开 "色相 / 饱和度" 对话框，调节各数值选项，如图 7-28 所示。

图 7-28

19 颜色填充完后，审视整体的协调性，因每个部分的颜色都用不同的图层隔开，所以若觉得哪部分颜色需要调整，可以找出那个图层进行单独调节。单击选中裤子颜色部分的图层，单击【菜单栏】>【图像】>【调整】>【色相 / 饱和度】或使用快捷键【Ctrl+U】打开 "色相 / 饱和度" 对话框，调节各数值选项，如图 7-27 所示。

图 7-27

21 单击选中下一颜色图层,单击【菜单栏】>【图像】>【调整】>【色相/饱和度】或使用快捷键【Ctrl+U】打开"色相/饱和度"对话框,调节各数值选项,如图 7-29 所示。

图 7-29

22 单击选中背景图层,单击"新建"建立一个空白图层。按住【Alt】键,将画笔转换为吸管工具,在所画怪物的主体颜色上单击,前景色即变为此颜色。单击选中新建的空白图层,单击【菜单栏】>【编辑】>【填充】或使用快捷键【Shift+F5】填充前景色,如图 7-30 所示。

图 7-30

23 单击【菜单栏】>【图像】>【调整】>【色相/饱和度】或使用快捷键【Ctrl+U】打开"色相/饱和度"对话框,对三项数值进行调节,以达到满意的效果,如图 7-31 所示。

图 7-31

24 用吸管工具选取一个比背景色略深的颜色作为前景色,单击【工具栏】>【渐变工具】或使用快捷键【G】打开"渐变工具",渐变模式选择"线性渐变",在图像的下半部分由上往下拉渐变线,如图 7-32 所示。

图 7-32

25 用吸管工具选取一个比背景色略浅的颜色作为前景色,单击【工具栏】>【渐变工具】或使用快捷键【G】打开"渐变工具",渐变模式选择"线性渐变",在图像的上半部分由上往下拉渐变线,如图 7-33 所示。

图 7-33

26 选中背景图层,单击【菜单栏】>【图像】>【调整】>【色相/饱和度】或使用快捷键【Ctrl+U】打开"色相/饱和度"对话框,调节各数值选项,如图 7-34 所示。

图 7-34

27 选中第一个色稿的剪切蒙版，单击【菜单栏】>【图像】>【调整】>【色相/饱和度】或使用快捷键【Ctrl+U】打开"色相/饱和度"对话框，调节各项数值，如图 7-35 所示。

图 7-35

28 按住【Ctrl】键，单击选中几个填色的剪切图层，将这些图层全选。按住左键，将选择的图层拖动至"新建"处，将所选图层都复制并新建，使用快捷键【Ctrl+E】将新建的复制图层合并，再将之前选择的图层再次全选，按住左键，将选择的图层拖动至"创建新组"处。单击【菜单栏】>【图像】>【调整】>【色彩平衡】或使用快捷键【Ctrl+B】打开"色彩平衡"对话框，分别对中间调、高光、阴影三个选项进行调节，如图 7-36 所示。

图 7-36

29 选中合并后的图层，使用快捷键【Ctrl+J】复制并产生新图层，并将复制的新图层的混合模式选为"正片叠底"，如图 7-37 所示。

图 7-37

30 单击【菜单栏】>【图像】>【调整】>【色相/饱和度】或使用快捷键【Ctrl+U】打开"色相/饱和度"对话框，调节各项数值，如图 7-38 所示。

图 7-38

31 选中合并的图层，使用快捷键【Ctrl+J】再次复制并新建该图层，并用鼠标左键拖动复制的新建图层至最顶部。将此图层的混合模式选为"滤色"，如图 7-39 所示。

32 将"正片叠底"的图层隐藏，选中"滤色"图层，单击【菜单栏】>【图像】>【调整】>【色相/饱和度】，或使用快捷键【Ctrl+U】打开"色相/饱和度"对话框，对各数值进行调节，如图 7-40 所示。

33 将"滤色"图层隐藏，选中"正片叠底"图层，单击【菜单栏】>【图像】>【调整】>【色彩平衡】，或使用快捷键【Ctrl+B】打开"色彩平衡"对话框，对各数值进行调节，如图 7-41 所示。

图 7-39

图 7-40

图 7-41

34 选中"正片叠底"图层，按住【Alt】键，单击 "添加图层蒙版"，创建一个黑底的蒙版，前景色为白色，用画笔将怪的暗部画出，如图 7-42 所示。

35 选中此暗部图层，使用快捷键【Ctrl+J】复制产生新图层。单击选中复制的新建图层，调整其不透明度至 50% 以上，使画面的不透明降低，如图 7-43 所示。

36 选中最上方的"滤色"图层，按住【Alt】键，单击 "添加图层蒙版"，将给该图层添加一个黑底的蒙版，用画笔在图中将亮部表示出来，如图 7-44 所示。

图 7-42

图 7-43

图 7-44

37 选中此亮部图层，使用快捷键【Ctrl+J】复制并新建该图层。选中复制后的新建图层，将其不透明度调整到70%以上，使此图层的不透明度降低，如图7-45所示。

38 选中"正片叠底"的暗部图层，将一些在画亮部时被遮盖或模糊了的暗部再强调一遍，如图7-46所示。

39 鼠标不停交换选中"正片叠底"和"滤色"图层，将暗部和亮部描绘不足之处补充或者加深，调整明暗之间的关系，处理好明暗交界，如图7-47所示。

图 7-45

图 7-46

图 7-47

7.2.3 双头拟人怪整体的细化过程

40 按住【Ctrl】键，鼠标左键一一点选绘制明暗的图层以及色稿图层，将这些图层全选，左键拖动至"新建"处，将复制并新建选中图层。使用快捷键【Ctrl+E】将复制的新图层合并，并将原图层全部隐藏。单击【菜单栏】>【图像】>【调整】>【曲线】或使用快捷键【Ctrl+M】打开"曲线"，对图像进行调整，如图7-48所示。

41 单击【菜单栏】>【图像】>【调整】>【色彩平衡】或使用快捷键【Ctrl+B】打开"色彩平衡"对话框，对"中间调"和"高光"分别进行调整，如图7-49所示。

42 选中合并后的图层，使用快捷键【Ctrl+J】复制并新建该图层。单击【菜单栏】>【滤镜】>【渲染】>【光照效果】，打开"光照效果"的对话框，对想要的光照效果进行调节，可调节光圈位置、光圈大小范围、光圈明暗等，设置完成后单击【确定】按钮，再对图层不透明度进行调节，使光照显得不突兀，与图像更为融合，如图7-50所示。

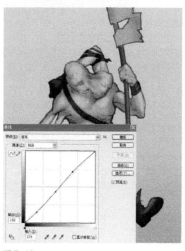

图 7-48

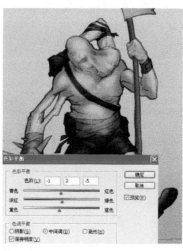

图 7-49

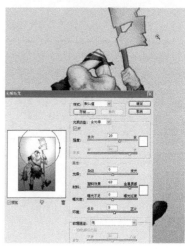

图 7-50

43 单击"新建"建立一个空白图层，按住【Alt】键，在新建图层与其下面一个图层的中间单击一下，建立一个剪切蒙版。用画笔在图像中边吸取暗色边将需要加深的暗部描绘一遍，如图 7-51 所示。

44 注意不同物体材质的不同表现，装备或者装饰等附加物需要注意其投影，投影表现不到位将会导致整个物体过于平面，因此，有厚度有间隙的物体都有其投影，都需要绘出，如图 7-52 所示。

图 7-51

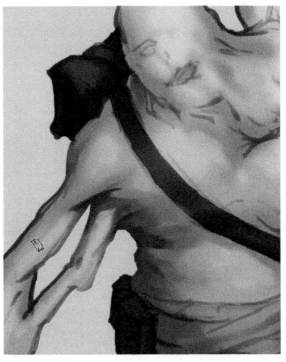

图 7-52

45 将肌肉的块面感用黑白灰三大面表达出来，大块面出现之后，再将其细化，使画面更加融合，如图 7-53 所示。

46 打开画笔预设，选择一个喷笔，将画笔的模式选为"柔光"，在怪物的腰带部分和手肘部分描绘出高光，如图 7-54 所示。

图 7-53

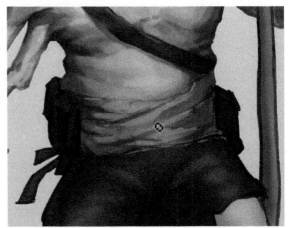

图 7-54

47 再次打开画笔预设，将画笔换回原来的普通笔，按住【Alt】键转换为吸管工具，用吸管工具吸取高光的颜色涂抹周围较亮的地方，再吸取较暗的颜色涂抹暗部，如图 7-55 所示。

48 【Ctrl++】放大图像，将焦点集中在头部，设计出怪物的五官，并将其画出，确定造型后，对头部进行深入细化。依然是运用好黑白灰三大面的关系，处理头部的明暗与突出五官的立体感，不停按【Alt】键以转换吸管工具与画笔，吸取周边颜色进行细化。单击"新建"建立一个空白图层，并将此图层混合模式选为"滤色"，选取一个暖色将怪物的五官晕染一遍，完成后【Ctrl+E】合并图层，如图 7-56 所示。

49 将焦点转移到下半身，继续细化裤子以及腿部。控制好暗面和亮面以及明暗交接，表达出腿部肌肉块面，在腿部肌肉结构基本成型后，打开拾色器，选取一个暖色，稍微加在腿部某些部分，丰富皮肤的整体颜色，显得更为生动，如图 7-57 所示。

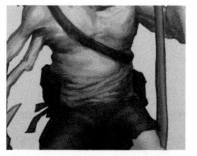

图 7-55

图 7-56

图 7-57

50 裤子部分，在之前的步骤完成的基础上，继续使用暗面和亮面添加褶皱，细化褶皱。在裤子边缘制造撕破感，并注意其投影。单击【工具栏】>【减淡工具】或使用快捷键【O】打开减淡工具，在裤子的高光部位轻轻舔几笔，突出高光亮度，如图 7-58 所示。

51 拖动画布，将焦点集中在旗帜部分。将其重新填充一个颜色后，单击"新建"建立一个空白图层，按住【Alt】键，在此新建图层与下一图层的中间单击一下，建立剪切蒙版。单击【工具栏】>【自定形状工具】或使用快捷键【U】打开自定形状工具，选取一个合适的形状，在旗帜上拉伸并固定好位置，使用快捷键【Ctrl+U】打开"色相/饱和度"对话框，给其添加颜色，如图 7-59 所示。

52 使用快捷键【Ctrl+E】合并图层，对整个旗帜进行细化。首先涂抹上一些暗色，渲染旗帜的整体陈旧和破败气氛。再来打开画笔预设，选取一个带有腐蚀效果的画笔，在旗帜上深入添加一些效果表达。最后，单击【工具栏】>【减淡工具】或使用快捷键【O】打开"减淡工具"，"范围"设定为"中间调"，将旗帜稍微提亮即可，如图 7-60 所示。

图 7-58

图 7-59

图 7-60

53 按住【Ctrl】键，鼠标依次单击该剪切蒙版图层与其下一图层，将两图层全选。拖动两图层至"新建"处，复制两图层，使用快捷键【Ctrl+E】将复制的新建图层合并，把两个原图层隐藏，按住【Alt】键，在合并图层与原图层的中间单击一下，取消剪切蒙版。单击"新建"建立一个空白图层，将图层的混合模式选为"柔光"，按住【Alt】键，在此图层与下一图层中间单击一下，建立剪切蒙版。将画笔模式选为"叠加"，打开拾色器选取一个暖色，在图像中某些位置稍微提一提，丰富整体色彩，如图 7-61 所示。

54 单击"新建"建立一个空白图层，并将其图层混合模式选为"柔光"。按住【Alt】键，在该图层与下一图层的中间单击一下，建立剪切蒙版。打开拾色器，选择一个冷色，并将画笔预设中的画笔模式选为"柔光"，在画面中某些位置涂抹上该冷色，丰富画面整体色彩，并与上一步骤中使用的暖色形成冷暖对比，如图 7-62 所示。

55 单击"新建"建立一个空白图层，将其图层混合模式选为"柔光"。按住【Alt】键，在该图层与下一图层的中间单击一下，建立剪切蒙版。打开拾色器，选取一个冷色，并将画笔预设中的画笔模式选为"柔光"，用喷笔在合适位置涂抹上该冷色。单击【菜单栏】>【图像】>【调整】>【色相/饱和度】，或使用快捷键【Ctrl+U】打开"色相/饱和度"对话框，调节各数值，如图 7-63 所示。

图 7-61

图 7-62

图 7-63

56 按住【Ctrl】键，鼠标依次单击除背景图层及背景色稿图层之外的可见图层，将这些图层全选，拖动选取图层至"新建"处，复制产生新图层。【Ctrl+E】将复制的新建图层合并，并将原有图层隐藏。按住【Alt】键，在合并图层与下一图层的中间单击一下，取消剪切蒙版。单击"新建"建立一个空白图层，画出怪物身上的疤痕，并用喷笔晕染疤痕的周围，使其与皮肤更为融合。打开画笔预设，选取带有效果的画笔，在需要的位置上涂抹，营造出想要的效果，合并图层，如图 7-64 所示。

图 7-64

57 使用快捷键【Ctrl+J】复制产生新图层，单击【菜单栏】>【图像】>【调整】>【色彩平衡】，或使用快捷键【Ctrl+B】打开"色彩平衡"对话框，对"高光"、"中间调"、"阴影"分别进行调节。完成后调节图层不透明度，合并两图层，如图 7-65 所示。

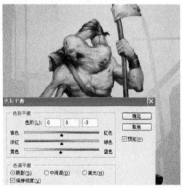
图 7-65

58 使用快捷键【Ctrl+J】复制产生新图层，单击选中复制的新图层，拖动至"新建"处，复制并新建一个图层。单击【工具栏】>【涂抹工具】，打开涂抹工具后，将图像的边缘处理一遍，模糊边界线条感，如图 7-66 所示。

图 7-66

59 单击【工具栏】>【减淡工具】或使用快捷键【O】打开减淡工具，用其制造刀锋的金属效果，以及整个手部的提亮。单击【工具栏】>【画笔工具】或使用快捷键【B】打开画笔工具，点开画笔预设，选取一个带有效果的画笔，并将画笔模式选为"正片叠底"，在手部涂抹以达到想要效果，如图 7-67 所示。

图 7-67

60 细化怪物的一些小细节，如身上的斑点，一些细微的高光等。按住【Alt】键转换为吸管工具，吸取背景色，再用喷笔将靠后的部分用背景色压虚，突出靠前的部分。调节图层不透明度，如图 7-68 所示。

图 7-68

61 画到这里整幅作品就接近尾声了，没有大幅度修改的需要，只要对部分不恰当或不满意的地方进行单独调整。单击【工具栏】>【套索工具】或使用快捷键【L】打开套索工具，将旗帜上的图标圈出，单击【菜单栏】>【图像】>【调整】>【色相/饱和度】或使用快捷键【Ctrl+U】打开"色相/饱和度"，选择"红色"，调节各数值，如图 7-69 所示。

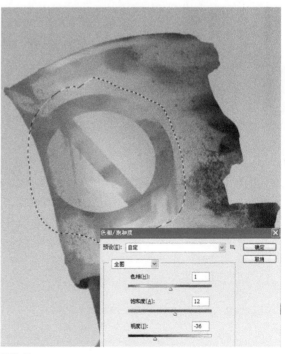

图 7-69

62 单击【菜单栏】>【滤镜】>【锐化】>【锐化】，对整体图像进行一次锐化，到此整幅画作就完成了，如图7-70所示。

图 7-70

7.3 铁爪拟人怪设计绘制流程

看完一个人型怪物的绘制过程，接下来，我们再来看另一个人型怪物的绘画演示以加深印象巩固学习。

此人型怪物的绘制概括起来可以分为五个阶段：概念稿的设计、线稿的绘制、上色、明暗的表达、细化全图。在这一个案例中，依然是以人体结构作为基础的人型怪物的绘制，在绘画过程中，注意体型和肌肉的表现，可参照人体肌肉进行设计与绘制。

◆第一阶段：概念稿的设计

绘制步骤：第一步必须是创建新画布，在画布上新建图层后开始动笔。首先用大笔触将对怪物的初步设想画出，有了大概形体之后，运用各种修改、调整工具对其进行体型和造型上的修整。在确定了基础造型后，就可以在体型上将设计元素大致地画出，如图7-71所示。

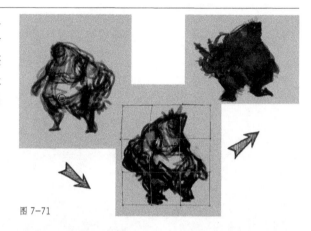

图 7-71

◆第二阶段：线稿的绘制

绘制步骤：体型定好后，将此图层的不透明降低，使整个图层呈现半透明状态。单击"新建"建立一个空白图层，在大型外轮廓的基础上，勾勒其线稿以及内部细节。在画线稿时，需强调出附着物的厚度，肌肉的细节也需表现出来。画内部细节时候可以借助一些辅助线，能起到事半功倍的效果，如图7-72所示。

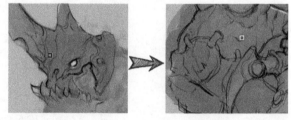

图 7-72

◆第三阶段：上色

绘制步骤：将之前的图层合并，单击"新建"建立一个新的空白图层，并将图层的混合模式选为"正片叠底"。打开拾色器，选择一个颜色作为底色，用柔和的喷笔给怪物上色。对怪物整体进行分块面上色，这样即使完成后对其色彩不满意，还可以应用各种调色工具进行单个块面的调整。对色彩的选择需要注意，不可有太过跳脱的颜色搭配，要根据所画之物来选择一个适合其气氛的主色调，其他小块面色调因围绕主色调选择相近的或同色系的颜色，如图7-73所示。

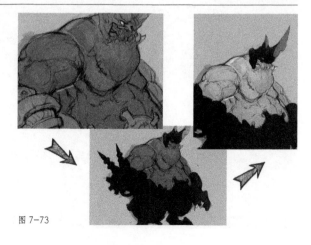

图 7-73

◆第四阶段：明暗的表达

　　绘制步骤： 画明暗的时候，一般都使用图层蒙版来操作。按住【Alt】键，单击"添加图层蒙版"，给图层添加一个黑底的蒙版。选用喷笔，并降低其不透明度，确定好光源，在皮肤的部位，先将其亮部画出。之后根据效果，应用"替换颜色"工具将暗面和亮面的颜色拉开距离，产生色彩偏向。将画笔模式调为"正片叠底"，把其暗部加强一遍，如图7-74所示。

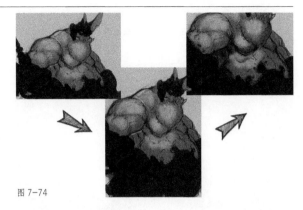

图 7-74

◆第五阶段：细化全图

　　绘制步骤： 打开拾色器，选择一个适合腐肉的颜色，将画笔的模式选为"正片叠底"，在怪物的身体与机械元素的衔接部位添加一些斑点，将画笔的模式改为"饱和度"，用于嘴部周边以及牙齿的细化。其他部位诸如头盔和机械手臂，都是需要表现材质的部位，运用黑白灰三大面的关系，处理好暗部、亮部以及高光提亮来表现金属质感，并用"颜色减淡"及"滤色"模式的画笔将手部机械营造出发光效果，如图7-75所示。

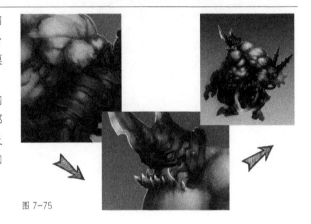

图 7-75

7.4 铁爪拟人怪设计演示

　　人型怪物在设计的过程中，在保证基本形体为人型后，其他细节可以夸张绘制，并且与其他物体相结合，可以得到不一样的效果。

7.4.1 铁爪拟人怪外形设定与线稿的绘制

01 首先，第一步需要创建新画布。单击【菜单栏】>【文件】>【新建】或使用快捷键【Ctrl+N】打开"新建"对话框，将"预设"设定为"国际标准纸张"，"大小"设定为"A4"，单击确定即可完成创建。单击前景色，选择灰色，再单击【菜单栏】>【编辑】>【填充】或使用快捷键【Shift+F5】将画布填充上前景色，如图7-76所示。

图 7-76

02 单击"新建"建立一个空白图层，选择画笔，将画笔模式选为"正片叠底"，在画布上用大笔触画出对怪物的初步设想。为了使创意与灵感能发挥到极致，在绘制概念稿的时候可以想到什么就画什么，发挥想象去设计，不妥的地方都可以通过修改来完成，如图 7-77 所示。

03 绘画过程中需要不停审视结构比例与造型上是否正确，因此我们要通过左右水平翻转的方法来检查画作。单击【工具栏】>【矩形选框工具】或使用快捷键【M】打开矩形选框工具，将图像框选后，右击图像，选择自由变换或使用快捷键【Ctrl+T】打开自由变换，再右击图像，选择"水平翻转"，再次右击图像，选择"变形"，对其体型和位置等进行调整，如图 7-78 所示。

图 7-77

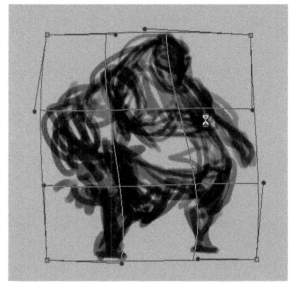

图 7-78

04 在一些主体部位的设计上，可以采用举例多种方案设计，最后选取最合适最满意的一种方法。在框选图像的情况下，使用快捷键【Ctrl+J】复制并新建图层。按住【Ctrl】键，开启移动工具，将复制的图像拖至旁边，对两幅一样的图进行分别设计手部造型，如图 7-79 所示。

图 7-79

05 选择好后，鼠标选择淘汰的方案的图层，按【Delete】键删除，留下相对满意的设计，如图7-80所示。

06 将各部分的概念设计都表示出来后，审视整体的协调度，再次进行调整。单击【工具栏】>【矩形选框工具】或使用快捷键【M】打开矩形选框工具，将图像框选，右击图像，选择"自由变换"或使用快捷键【Ctrl+T】打开自由变换，将怪物整体拉长，再右击图像，选择"变形"，拉大头身比例，按【Enter】键即可完成调整，如图7-81所示。

07 概念稿基本完成后，就可以进行线稿的初步描绘。将概念稿图层的不透明度降低，使整个图层呈现半透明状态。单击"新建"建立一个空白图层，选择一个画笔就可以开始画初步线稿了。按照个人习惯，可以将画笔模式选为"正片叠底"，然后降低画笔的不透明度来作画，也可直接使用普通模式不降低不透明度的方法来画。绘制的过程中可以边画边用自由变换进行调整，如图7-82所示。

图 7-80

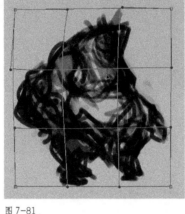

图 7-81

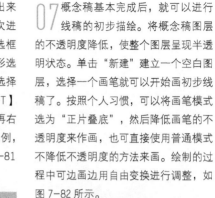

图 7-82

08 初步线稿完成后，出现了较为清晰的此怪物的外轮廓和体型，这样就便于我们更好地观察其体型和身体比例的准确性，如图7-83所示。

09 如果觉得此时怪物的体型还是没有什么特别之处没有突破点，可以再次对其进行调整。单击【菜单栏】>【滤镜】>【液化】，进入液化工具，使用"向前变形工具"对怪物进行体型调整，如图7-84所示。

10 液化完成后，单击【工具栏】>【套索工具】或使用快捷键【L】打开套索工具，将要进行变形调整的部分单独圈出，右击圈出部分，选择"自由变换"，或使用快捷键【Ctrl+T】打开"自由变换"，再右击选择"变形"，将圈出部分进行调节，如图7-85所示。

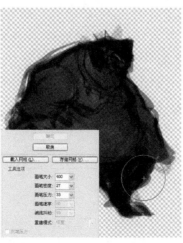

图 7-83

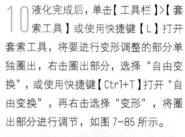

图 7-84

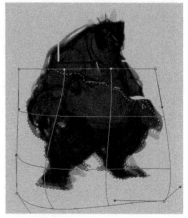

图 7-85

11 在体型外轮廓基本确定了之后，再次对怪物的一些设计进行加深处理，添加一些设计元素，丰富整体造型感，如图 7-86 所示。

图 7-86

12 将怪物的大致光影粗略地表示出来，在能够添加设计的地方都画上设计元素以丰富画面，部分需要调整之处，使用套索工具将其圈出，右击画面，选择"自由变换"或使用快捷键【Ctrl+T】打开"自由变换"，被拉伸导致脱离的部位，使用画笔将其补全即可，如图 7-87 所示。

图 7-87

13 体型定好后，将此图层的不透明降低，使整个图层呈现半透明状态。单击"新建"建立一个空白图层，在大型外轮廓的基础上，将其线稿勾勒出，如图 7-88 所示。

tips

在此步骤中，需要将内部的细节以及一些设计元素的细节都勾勒出来。

14 线稿的描绘过程中，需强调出一些装饰元素的厚度，一些关节部位的装饰还要注意分开绘制，不可连于一体，造成主体关节不可活动，如图 7-89 所示。

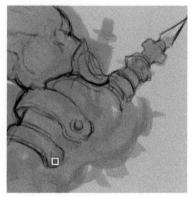

图 7-89

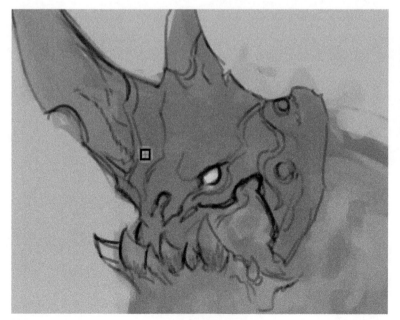

图 7-88

15 在绘制的过程中不停地左右翻转以审视画面的协调性和各方面准确性，发现不合理之处可以使用变形等修改工具进行改正。对于过于平面的部分，单击【工具栏】>【套索工具】或使用快捷键【L】打开套索工具，将要修改部分框选出，右击并选择"自由变换"，或使用快捷键【Ctrl+T】打开"自由变换"，右击选择"变形"，将此框选部分拉扯出明显立体感，如图 7-90 所示。

16 接下来该画怪物的身体部分的肌肉结构。因为是人型的怪物，因此这一步骤可以参考人类的身体肌肉结构和表现手法，虽然这个怪物是一个夸张肥胖的设定，但该有的还是要画出，如肋骨。找出整体的中线用辅助线标出，以准确定位手脚位置，如图 7-91 所示。

图 7-90

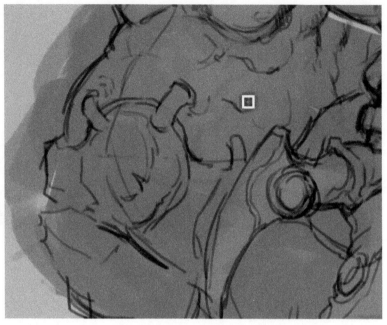

图 7-91

7.4.2 铁爪拟人怪明暗的表现手法

17 将之前的图层合并，单击"新建"建立一个空白图层，并将图层的混合模式选为"正片叠底"。打开拾色器，选择一个颜色作为底色，用柔和的喷笔给怪物上色，如图 7-92 所示。

18 对怪物进行分块面的上色后，初步完成如图 7-93 所示。每个块面都有颜色的填充，即使完成后对其色彩不满意，还可以应用各种调色工具进行单个块面的调整。

图 7-92

图 7-93

19 作为一个怪物的颜色基调，此时的皮肤颜色有些过暗，使整体缺少生气，因此需要将皮肤单独框选进行修改。单击【工具栏】>【魔棒工具】或使用快捷键【W】打开魔棒工具。在皮肤的位置单击一下，即可将皮肤的整个色块选取，如图 7-94 所示。

20 选取色块后，使用快捷键【Ctrl+J】复制选取部分至新建图层，此时在新建的图层中有一块复制的该色块，两色块重叠在一起，颜色加深。将此新建图层的混合模式选为"颜色减淡"，整个色块变的高亮，如图 7-95 所示。

图 7-94

图 7-95

21 单击【菜单栏】>【图像】>【调整】>【色相/饱和度】或使用快捷键【Ctrl+U】打开"色相/饱和度"对话框，调节明度，使色块变得明暗适中，如图 7-96 所示。

22 单击【菜单栏】>【图像】>【调整】>【色相/饱和度】或使用快捷键【Ctrl+U】打开"色相/饱和度"对话框，调节饱和度，使皮肤鲜艳程度适中，如图 7-97 所示。

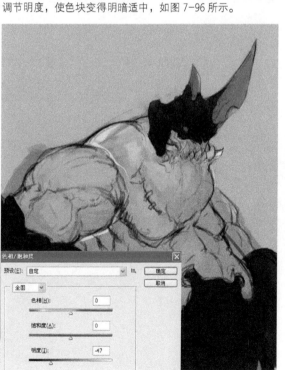

图 7-96

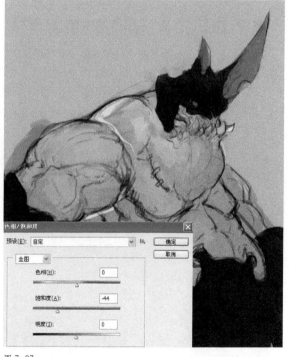

图 7-97

23 按住【Alt】键的同时单击"添加图层蒙版"，给图层添加一个黑底的蒙版，选用喷笔，并降低其不透明度，确定一个光源，在皮肤的部位将其亮部画出，如图 7-98 所示。

图 7-98

24 到了这一步骤我们发现，暗部与亮部之间的颜色反差不是很明显，正常情况下灯光打在物体上是存在色彩偏向的，需要进行调整。单击【菜单栏】>【图像】>【调整】>【替换颜色】打开"替换颜色"，吸管工具在皮肤的暗部单击一下选取其颜色，在替换颜色面板各数值中进行调节，直至满意效果，如图 7-99 所示。

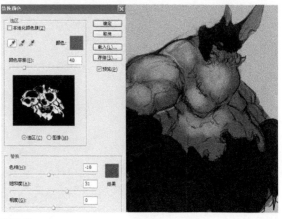

图 7-99

25 单击【菜单栏】>【图像】>【调整】>【替换颜色】打开"替换颜色"，吸管工具在皮肤的亮部单击一下选取其颜色，在替换颜色面板各数值中进行调节，以达到合适效果，如图 7-100 所示。

图 7-100

26 单击【菜单栏】>【图像】>【调整】>【替换颜色】打开"替换颜色"，吸管工具在黑色的线稿线条上单击一下选取其颜色，在替换颜色面板各数值中进行调节，使线条颜色发生变化，如图 7-101 所示。

图 7-101

27 打开画笔预设，选择一个喷笔，将其模式选为"正片叠底"，把怪物的暗部加强一遍，如图 7-102 所示。

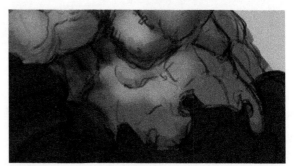

图 7-102

➤➤ 7.4.3 铁爪拟人怪的细化过程

28 打开拾色器，选择一个适合腐肉的颜色，用于绘制怪物身上的斑点。将画笔的模式选为"正片叠底"，在怪物的身体与机械元素的衔接部位添加斑点，如图 7-103 所示。

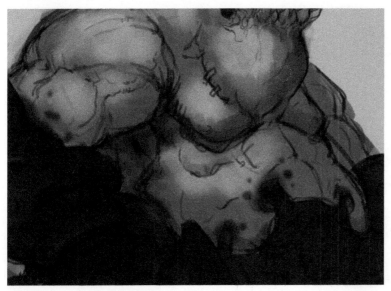

图 7-103

29 将画笔的模式改为"饱和度"，按住【Alt】键将画笔转换为吸管工具，在牙齿的位置单击一下，吸取其颜色，打开拾色器，选择一个比当前颜色饱和度低的颜色，用于描绘牙齿。完成后再次将画笔转换为吸管工具，在牙齿周围的皮肤上单击一下以吸取其颜色，打开拾色器，选择一个比当前颜色饱和度高的颜色，用于嘴周边皮肤的描绘，如图 7-104 所示。

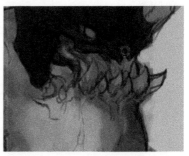

图 7-104

30 将画笔的模式改为"滤色"，将牙齿的高光绘出，以显示出质感，如图 7-105 所示。

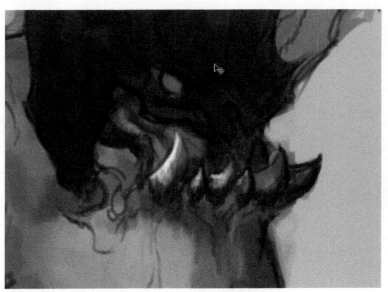

图 7-105

31 接下来对手部的机械进行细化。单击"新建"建立一个空白图层，并把图层的混合模式选为"颜色减淡"，用喷笔在机械部分的内部涂抹，制造发光效果。使用快捷键【Ctrl+E】将图层合并，把画笔模式改为"颜色减淡"，打开拾色器选择一个色相稍微不同的亮色，在刚才的效果上继续叠加，如图 7-106 所示。

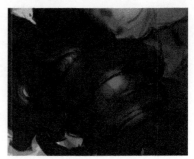

图 7-106

tips

　　"颜色减淡"和"滤色"两种模式都能用于高光的绘制，在同一绘制颜色下，"颜色减淡"会使所画色彩的饱和度提高，而"滤色"则不会。

32 审视图像，手部的机械元素的两层高光没有明显区分，因此需要将其修改，显示出偏向。单击【工具箱】>【套索工具】或使用快捷键【L】打开套索工具，将"羽化"调整为"30px"，将高光的上层颜色框选出。单击【菜单栏】>【图像】>【调整】>【色相／饱和度】或使用快捷键【Ctrl+U】打开"色相／饱和度"对话框，调节各数值以达到满意效果，如图 7-107 所示。

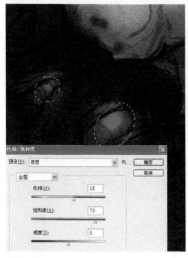

图 7-107

33 单击【工具栏】>【套索工具】或使用快捷键【L】打开套索工具，将手部机械上的齿轮，由里向外逐层框选，应用各种调色工具如"曲线"、"色相／饱和度"等进行色彩变化，使其显现出层次变化感，如图 7-108 所示。

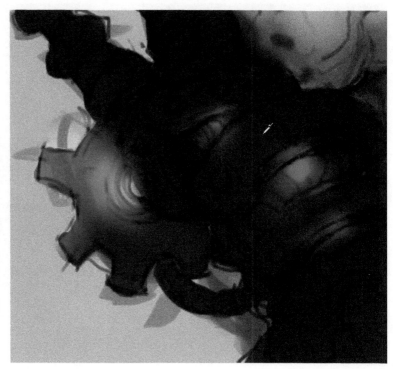

图 7-108

34 单击【工具栏】>【套索工具】或使用快捷键【L】打开套索工具，先将机械手指的整个指尖部分圈出，应用"色相／饱和度"，勾选"着色"，再进行色彩调节，给指尖大体填上一个颜色。之后将指尖分为前后两部分，用套索工具分别圈出，运用"色阶"、"色相／饱和度"等调色工具进行调整，使指尖呈现色彩的渐变变化，如图 7-109 所示。

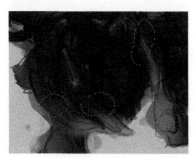

图 7-109

35 将画笔模式选为"滤色"，将有光效部分的周边打上被光效影响所产生的反光。再使用套索工具对手部部分块面进行框选，用调色工具使其颜色略微改变，如图 7-110 所示。

图 7-110

36 鼠标左键选择背景图层，单击【工具栏】>【渐变工具】或使用快捷键【G】打开渐变工具，渐变方式先选择"径向渐变"，在图中由上往下拉渐变线，再将渐变方式改为"线性渐变"，在图中由上往下拉渐变线，如图 7-111 所示。

图 7-111

37 单击【工具栏】>【套索工具】或使用快捷键【L】打开套索工具，将靠背后的手臂框选出，单击【菜单栏】>【图像】>【调整】>【曲线】或使用快捷键【Ctrl+M】打开曲线，将该手臂的亮度适当调高一些，如图 7-112 所示。

38 继续使用套索工具，将怪物靠前的整个肩膀部位框选出，单击【菜单栏】>【图像】>【调整】>【色相/饱和度】或使用快捷键【Ctrl+U】打开"色相/饱和度"对话框，将针对颜色选为"红色"，调节其饱和度，如图 7-113 所示。

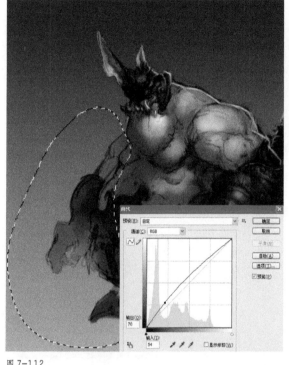

图 7-112

图 7-113

39 将画笔模式改为"正片叠底"，选择合适的画笔，将怪物身体的暗部强调出来。再把画笔模式改为"颜色"，按住【Alt】键将画笔转换为吸管工具，吸取作为反光的蓝色，将身体内侧的反光绘出，如图 7-114 所示。

40 按住空格键拖动画布，将焦点集中在机械手上。用深色勾勒出边缘，使各块面区分开，并单击【工具箱】>【涂抹工具】，将机械手的笔触较明显的部分涂抹柔和，使机械材质显得更加光滑。拖动画布，将焦点移至怪物的身体，同样使用涂抹工具，将笔触明显的位置涂抹柔和，如图 7-115 所示。

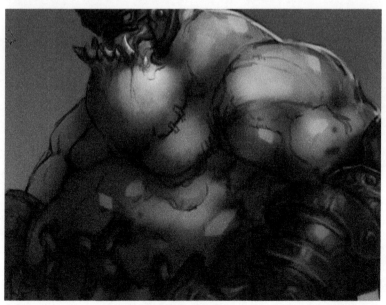

图 7-114

图 7-115

41 单击【工具箱】>【画笔工具】或使用快捷键【B】打开"画笔工具",按住【Alt】键将画笔转换为吸管工具,吸取身体亮部的颜色,将亮部强调一遍,再吸取暗部颜色,将被覆盖的暗部重新绘出,如图 7-116 所示。

图 7-116

42 按住【Alt】键将画笔换转为吸管工具,吸取反光的颜色后,按【[】键缩小画笔,用细线条将手臂、脚部、腰带等处的反光全部绘出,如图 7-117 所示。

图 7-117

43 【Ctrl++】放大画布,并按住空格键拖动画面,将焦点集中在武器外侧的齿轮上面。把画笔模式改为"颜色减淡",按住【Alt】键将画笔转换为吸管工具,吸取齿轮的颜色,用高光勾勒出外轮廓并塑造出体积感,如图 7-118 所示。

图 7-118

44 按住空格键拖动画布,将焦点移至怪物的上臂和肩部,用较亮于皮肤的颜色,缩小画笔用细线条在上面绘出青筋,按住【Alt】键将画笔转换为吸管工具,吸取暗部颜色,在青筋的下方勾勒一遍,一明一暗营造出青筋的立体感,如图 7-119 所示。

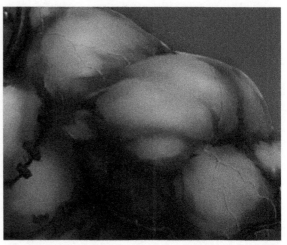

图 7-119

45 用喷笔将机械手的黑白灰三面涂抹得更加均匀，使三面融合在一起没有明显的块面感。将设定为突起的块面，都用高光勾勒出边缘，再使用暗色绘出厚度，需要特别注意的是，突起的块面必然会有投影，因此，投影的绘制也是营造立体感的关键，如图 7-120 所示。

46 按住空格键拖动画布，将焦点下移至机械手的手掌部分。将其黑白灰三面表现出来，并加重外轮廓的线条。把画笔模式改为"颜色减淡"，将手掌部分的亮部绘出，如图 7-121 所示。

图 7-120

图 7-121

47 将焦点移动至腰带部分，使用喷笔将怪物肚子的黑白灰三面涂抹均匀，减弱色块感，使整体融合在一起。同理将腰带一些部分先粗略处理，以便之后的精细绘制，如图 7-122 所示。

图 7-122

48 再将焦点转回机械手的手掌部分，使用柔和笔触的喷笔，用黑白灰三面的关系将各块面区分开。将画笔模式改为"线性减淡"，将手掌部分用高光勾勒出边缘，强调出金属质感并增强立体感，如图 7-123 所示。

图 7-123

49 按【 】】键将喷笔放大，继续使用"线性减淡"的画笔模式将机械手整体的高光点出，金属材质的高光部分可以多一些，曝光度可以高一些，如图 7-124 所示。

图 7-124

50 按住空格键拖动画布，将焦点移至头部，对其进行深入细化。继续使用"线性减淡"的画笔模式将头盔上的尖刺添加上高光，把画笔模式改为"正常"后，吸取头盔的颜色加深暗部。再将画笔模式改为"线性减淡"，将头盔的反光和高光点表现出来，如图 7-125 所示。

图 7-125

51 接着细化下半身，使用喷笔将腿部的色块区别开，强调黑白灰三大面，清晰每个部件的轮廓。再将画笔模式改为"线性减淡"，勾勒出腿部的反光，如图 7-126 所示。

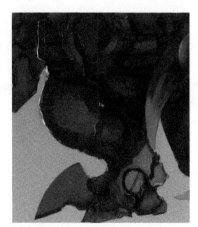

图 7-126

52 单击【工具箱】>【套索工具】或使用快捷键【L】打开"套索工具"，将画面靠内的手以及腿圈出，单击【菜单栏】>【图像】>【调整】>【色相/饱和度】或使用快捷键【Ctrl+U】打开"色相/饱和度"对话框，调节明度，使其变亮，如图 7-127 所示。

53 给腰带的中心添加一个图腾元素，并细化出暗部与亮部。最后，使用各种调色工具对整体画面进行调节，使怪物整体对比度、饱和度等都得到提升。到此，该画作就成了，如图 7-128 所示。

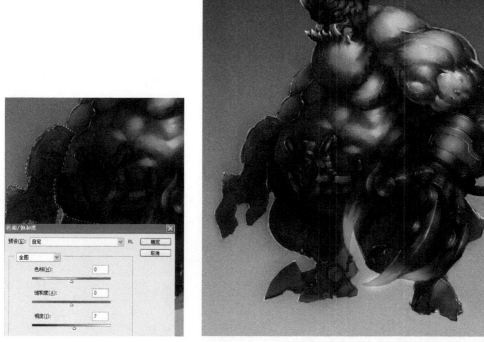

图 7-127

图 7-128

7.5 本章小结

　　本章围绕人型怪物设计这个主题，对两个实例进行了分析讲解。怪物这种没有实物的意识流的物体，在作画时可以完全发挥想象和主观意识去设计，无须受客观现实的束缚。但也必须确立主题，确定造型外轮廓后再着手设计与扩展，抓住特征进行细化。

08

第 章

异型六足怪的绘制——
异型怪物设计演示

学习完了人型怪的设计，接着来讲一讲异型怪的绘制过程。异型怪不同于人型怪，没有特定的体型规范，可以天马行空任凭画者自己设计，是完全体现创意与设计的一类物体。

8.1 异型六足怪的设计绘制流程

此异型怪物的绘制流程总结起来可以分为五个阶段：设计起稿、确定线稿、单填色与初步明暗、上色、细化。这一案例中，演示的是异型怪物的设计与绘制，怪物这种在现实中没有实体的臆想物，在设计的时候没有局限性，可以发挥自己的想象与主观喜好来设计。

◆ 第一阶段：设计起稿

绘制步骤：首先，需要新建一块合适的画布用于绘制。单击【菜单栏】>【文件】>【新建】或使用快捷键【Ctrl+N】打开"新建"，再单击"新建"创建一个空白图层，打开画笔预设，选择一个合适的画笔，按【]】键放大画笔，起稿的时候用大笔触绘制，大胆地想象并设计。设计的过程中想要对图像进行修改，可以应用"矩形选框工具"或"套索工具"进行单独选取与调整，如图8-1所示。

图 8-1

◆ 第二阶段：确定线稿

绘制步骤：大形外轮廓确定好后，就可以开始将体型明确绘出了。将起稿图层的不透明度降低，使整个图像呈现出半透明的状态，便于下一步骤的勾勒。单击"新建"建立一个空白图层，在上面根据剪影的体型和初步设计绘制出明确的体型外轮廓。在绘制的过程中，也需要同时进行修改。依然是应用两种框选工具，将需要修改的部分单独选出，并使用各种调节工具进行修改。怪物的形体、造型都确定好后，就可以绘制最终线稿了。将初稿图层的透明度降低，单击"新建"创建新的空白图层，用于线稿的绘制，如图8-2所示。

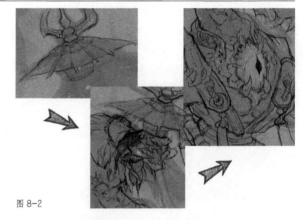

图 8-2

◆ 第三阶段：单填色与初步明暗

绘制步骤：单击"新建"建立一个空白图层，将线稿图层拖动至新建图层的上方，使线稿不会被以下操作覆盖。打开拾色器，选择一个深色作为底色，将线稿以内部分全部均匀涂抹上底色。按住【Alt】键，鼠标单击"添加图层蒙版"，给此图层创建一个黑底蒙版。确定好光源后，使用喷笔，将怪物的亮部涂抹出。使用快捷键【Ctrl+J】将此图层复制并新建一个图层，继续使用"套索工具"，将背光部位框选出，单击【菜单栏】>【图像】>【调整】>【色相/饱和度】或使用快捷键【Ctrl+U】打开"色相/饱和度"，调节明度，使框选的暗部部分颜色变深，如图8-3所示。

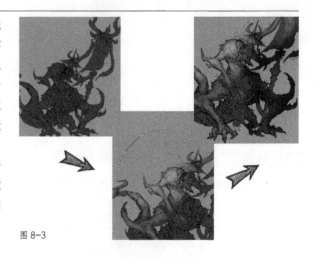

图 8-3

◆第四阶段：上色

　　绘制步骤：单击【工具箱】>【多边形套索工具】或使用快捷键【L】打开"多边形套索工具"，将设定好相同颜色的区域一一框选出来。单击"新建"建立一个空白图层。单击【菜单栏】>【图像】>【调整】>【色相/饱和度】或使用快捷键【Ctrl+U】打开"色相/饱和度"，将"着色"勾选，调节各数值，达到自己满意的效果，其他部分也依照此方法进行填色。每一种颜色的色块都新建一个空白图层进行填色，这样，之后若要对某一种颜色进行修改调整，可以单独找出其所在图层进行修改，而不会影响到其他图层，如图8-4所示。

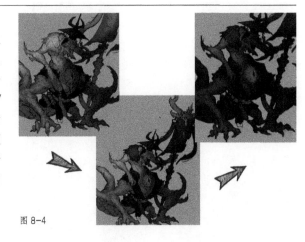

图 8-4

◆第五阶段：细化

　　绘制步骤：将画笔模式改为"滤色"，用喷笔将怪物身体受光部位的高光点出，甲片、硬甲的部位应用黑白灰三大面表现出体积感。将画笔模式改为"叠加"，打开拾色器，选择一个冷色调，将怪物身体受光面的反光都勾勒出来。继续使用"叠加"模式的画笔，将帽子上的突起打上高光，再将画笔模式改为"正常"，吸取周围的暗色，将高光的侧面压暗，体现出厚度以及突显立体感。再将画笔模式改为"叠加"，将帽子的花纹绘出。按住空格键拖动画布，将焦点移至权杖顶端的兽头骨上。把画笔模式改为"颜色减淡"，将高光点出，再将画笔模式改为"叠加"，吸取高光颜色，绘出亮部，如图8-5所示。

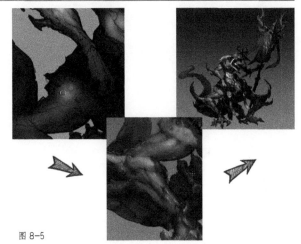

图 8-5

8.2　异型六足怪的设计演示

　　异型怪物的设计要领是，可以将人与其他事物相结合来设计，形成没有特定形态的怪物形象。

▶▶ 8.2.1　异型六足怪的设计与线稿绘制过程

01　首先，第一步新建一块合适的画布用于绘制。单击【菜单栏】>【文件】>【新建】或使用快捷键【Ctrl+N】打开"新建"，可在"预设"处选择"国际标准纸张"，在大小处选择"A4"，也可自定义画布的大小，创建出最适合自己作品大小的画布，如图 8-6 所示。

图 8-6

02 画布创建好就可以开始作画了。单击"新建"创建一个空白图层，打开画笔预设，选择一个合适的画笔，按【]】键放大画笔，起稿的时候用大笔触绘制，大胆地想象并设计。此异型怪物的设计预想是昆虫的变异形态，因此我们在起稿时需要抓住昆虫的特征加以变形从而形成新的东西，如图 8-7 所示。

图 8-7

03 不论画什么，在 CG 绘画过程中，都要养成随时翻转图像的习惯，这样做能很好地审视画面的整体是否协调，比例是否正确，从而及时修改保证作品质量。单击【工具箱】>【矩形选框工具】或使用快捷键【M】打开"矩形选框工具"，右击画面，选择"自由变换"或使用快捷键【Ctrl+T】打开"自由变换"，右击画面选择"水平翻转"，即可将画布沿水平翻转。起稿时线稿整体过大，也可使用自由变换，按住【Shift】键等比例缩小至合适大小，如图 8-8 所示。

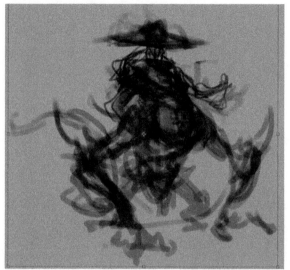

图 8-8

04 绘画过程中，发现不妥之处，都可以利用各种工具进行调整。单击【工具箱】>【套索工具】或使用快捷键【L】打开"套索工具"，将怪物的武器整个圈出，按住【Ctrl】键，鼠标拖动框选的武器，即可将其随意改变位置，如图 8-9 所示。

图 8-9

05 单击【工具箱】>【套索工具】或使用快捷键【L】打开"套索工具"，将怪物的部分身体圈出，右击画面，选择"自由变换"或使用快捷键【Ctrl+T】打开"自由变换"，按住【Shift】键拖动变形框，等比例放大框选部分，大小合适后按【Enter】键确定，按住【Ctrl】键拖动至原来位置，用画笔将衔接处补全，如图 8-10 所示。

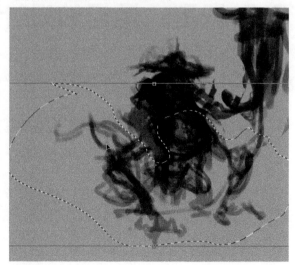

图 8-10

06　单击【工具箱】>【套索工具】或使用快捷键【L】打开 "套索工具"，将怪物的头部圈出，右击画面选择 "自由变换"，或使用快捷键【Ctrl+T】打开 "自由变换"；然后再次右击选择 "变形"，左键拖动各个点，将框选出的头部往各个方向变形，达到满意效果后，按【Enter】键确定，如图 8-11 所示。

图 8-11

07　在整个体型剪影差不多定好后，就可以对其进行整体的外轮廓的调整与修改。继续使用套索工具将怪物整个身体圈出，未框选部分将无法被液化。单击【菜单栏】>【滤镜】>【液化】打开 "液化工具"，使用 "向前变形工具"，对怪物的外轮廓进行拉伸或缩减，达到满意效果后单击 "确定" 即可完成液化，如图 8-12 所示。

图 8-12

08　大形外轮廓确定好后，就可以开始将体型明确绘出了。将起稿图层的不透明度降低，使整个图像呈现出半透明的状态，便于下一步骤的勾勒。单击 "新建" 建立一个空白图层，在上面根据剪影的体型和初步设计绘制出明确的体型外轮廓，如图 8-13 所示。

图 8-13

09　在绘制的过程中，也需要边进行修改。单击【工具箱】>【套索工具】或使用快捷键【L】打开 "套索工具"，将怪物身体的下半部分框选出，使用快捷键【Ctrl+T】打开 "自由变换"，右击选择 "变形"，左键拖动四周的点，对选中部分进行调节。同理圈出帽子部分，快捷键【Ctrl+T】打开 "自由变换"，调整其大小，按住【Ctrl】键，左键拖动，摆放在合适位置。使用画笔工具将修改而导致的缝隙填补完整，如图 8-14 所示。

图 8-14

10 怪物的形体、造型都确定好后，就可以绘制最终线稿了。使用快捷键【Ctrl+E】将之前的两个图层合并，并将其不透明度降低，使整个画面呈现半透明状态，利于线稿的勾勒。单击"新建"建立一个空白图层，打开画笔预设，选择一个合适的画笔并按【[】键缩小画笔，用于线稿的绘制。使用快捷键【Ctrl++】放大画面，在原有的外轮廓基础上，将内部细节设计并画出，如图8-15所示。

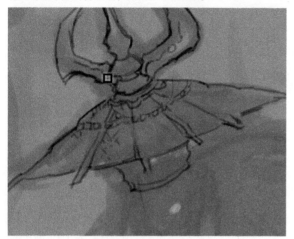

图 8-15

12 这时候，我们发现，一开始设定的画布大小并不合适，稍微有些小，因此，需要将画布扩大。单击【菜单栏】>【图像】>【画布大小】，打开调节画布的选项框，在"画布扩展颜色"选项中，单击旁边的色卡，出现吸管工具，吸取画布的背景色后，单击"确定"即可按照设置的大小扩展画布，如图8-17所示。

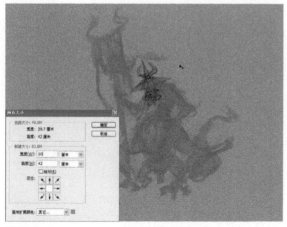

图 8-17

11 在描绘线稿的过程中，边画边审视线稿的准确度，随时使用各种调节工具进行修改。单击【工具箱】>【套索工具】或使用快捷键【L】打开"套索工具"，将需要修改的部分框选出，右击选择"自由变换"或使用快捷键【Ctrl+T】打开"自由变换"，再次右击选择"变形"，拖动各个点，使选中部分向点移动的方向变形，如图8-16所示。

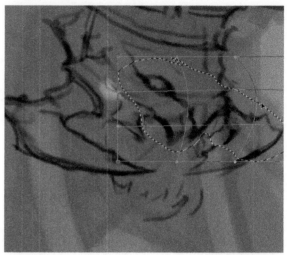

图 8-16

13 在画身体肌肉的时候，注意要画出肌肉的穿插感，使肌肉显得饱满与立体，若绘画之后还有建模步骤，则做出的模型更加美观真实，如图8-18所示。

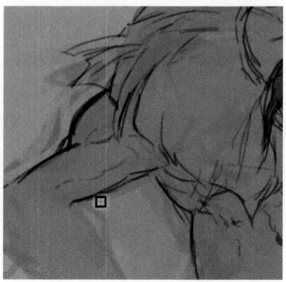

图 8-18

14 使用快捷键【Ctrl++】放大画布，将焦点集中在身体的部分，设计并细化内部结构以及装饰物，根据装饰物共存的合理性与美观性来设计各种外在装饰，如图 8-19 所示。

图 8-19

15 由于绘制的怪物的站姿是侧站，因此需要特别注意其透视。遵循近大远小的规律，在画靠画面里端的部分时就要比靠画面外侧的部分要小一些，当然也必须按照比例来缩小。在画左右对称的物体时，例如腰带，由于怪物不是正面的面向，因此在画侧面的对称物时需要侧重其中轴线，以中线为对称轴画出两边的腰带，如图 8-20 所示。

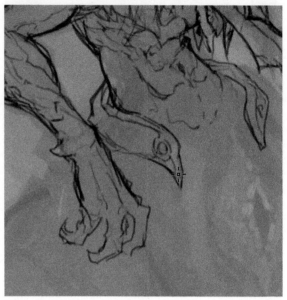

图 8-20

16 设计并绘制怪物的第二个身体，因为这一部分占的比例比较多，面积也较大，因此，设计一些服饰及装饰元素，丰富其造型，增强整体设计感，如图 8-21 所示。

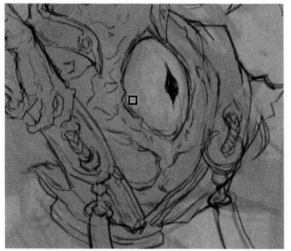

图 8-21

17 腿部可以画上一些昆虫的特征，例如甲片、硬甲等，但肌肉的走势还是参考人类的肌肉分布和结构来绘制，注重凸显起伏感，也可根据需要，将肌肉的经脉纹路细致绘出，如图 8-22 所示。

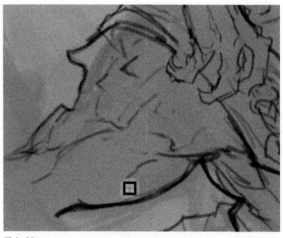

图 8-22

18 在腿部的关节处也画上尖刺，与手臂处的相呼应，并且，由于腿部的比例比手臂要大，因此在腿部多添加一个尖刺，使整个腿部不会显得单调，如图 8-23 所示。

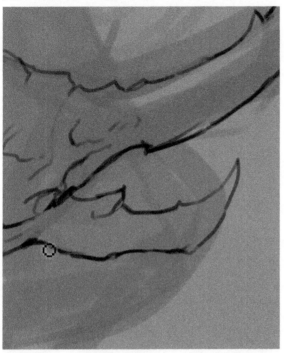

图 8-23

19 之后，我们可以发现，腿部的两个尖刺不够弯曲，太过僵硬，因此，【工具箱】>【套索工具】或使用快捷键【L】打开 "套索工具"，将尖刺部分框选出，右击选择 "自由变换" 或使用快捷键【Ctrl+T】打开 "自由变换"，再次右击选择 "变形"，拖动四周的点对框选部分进行变形处理，如图 8-24 所示。

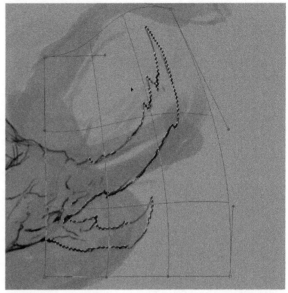

图 8-24

20 一般裸露的手脚上都会设计一些装饰的饰物或者武器装备等，如果不添加这些设计，则可以在肌肉上细致刻画出肌肉的纹理，丰富画面，使裸露部分不会显得单调，如图 8-25 所示。

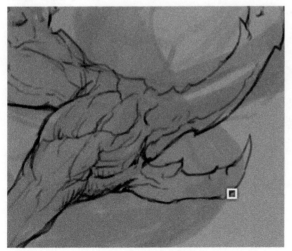

图 8-25

21 在画指头的时候，需要注意粗细的变化，突出骨点，两个骨点之间的线条向内凹陷，到了骨点位置再凸起，遵循这样的节奏和规律画出所有指头，如图 8-26 所示。

图 8-26

22 单击【工具箱】>【套索工具】或使用快捷键【L】打开"套索工具"，将已经画好的那一半的腿部尖刺框选出，使用快捷键【Ctrl+J】复制并新建一个图层，将框选部分复制至新图层。按住【Ctrl】键拖动复制的尖刺部分，移动至没有尖刺的那只脚，右击选择"自由变换"，或使用快捷键【Ctrl+T】打开"自由变换"，再次右击选择"变形"，将复制的部分根据透视原理变形，并摆放在合适位置，如图 8-27 所示。

图 8-27

24 单击【工具箱】>【套索工具】或使用快捷键【L】打开"套索工具"，将画面靠内的前腿圈出，右击选择"自由变换"或使用快捷键【Ctrl+T】打开"自由变换"，再次右击选择"变形"，鼠标拖动各个点，根据透视原理将靠内的前腿变形至适当形状与大小，如图 8-29 所示。

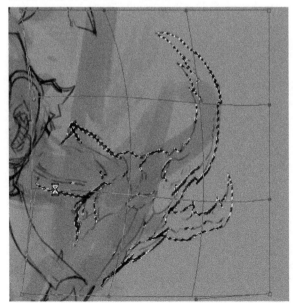

图 8-29

23 描绘线稿的过程中，一边根据原有剪影外轮廓来勾勒出线稿，一边审视与设计。由图中可以看出，怪物的前腿与后腿之间略显空旷，不够紧凑，因此，需要在此处添加设计，如图 8-28 所示。

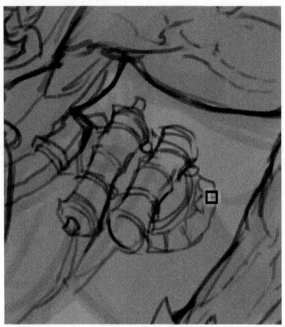

图 8-28

25 细化怪物下半身腹中的眼球，在其周围画上固定物。在画类似的装饰物时，虽然是比较细小的物品，在绘制时也需要体现大小之分与形状的变化，这样才不会显得呆板，如图 8-30 所示。

图 8-30

26 绘制尾巴的部分时，我们将其定位为类似蝎子的尾巴，并找参照，将尾部绘出，注意鳞片的走向。画出后观察整体，可以看出尾部显得略小，因此单击【工具箱】>【套索工具】或使用快捷键【L】打开"套索工具"，将尾部圈出进行调整。右击选择"自由变换"或使用快捷键【Ctrl+T】打开"自由变换"，再次右击选择"变形"，对尾部的形状及大小进行适当调节，如图 8-31 所示。

27 设计怪物手中的武器。由于起始时的设定，武器为长柄的大型武器，类似权杖。结合怪物的外形特点，可以将武器设计为巫蛊特征的权杖，添加兽头兽角等设计元素，并在两头分别绘出飘带，与怪物身上的飘带设计相呼应，如图 8-32 所示。

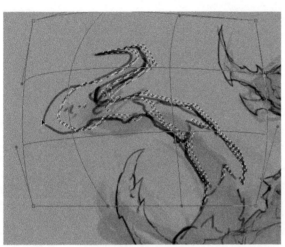

图 8-31

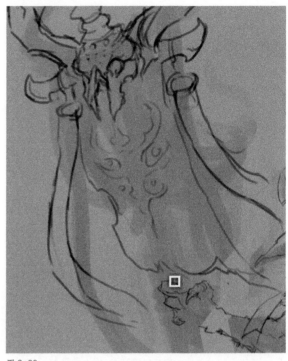

图 8-32

8.2.2 异型六足怪的明暗绘制

28 将原始的起稿图层隐藏，独留描绘完成的线稿图层。单击"新建"建立一个空白图层，将线稿图层拖动至新建图层的上方，使线稿不会被一下操作覆盖。打开拾色器，选择一个深色作为底色，将线稿以内部分全部均匀涂抹上底色，如图 8-33 所示。

29 使用快捷键【Ctrl+J】将底色稿复制并新建图层，单击选中线稿图层，【Ctrl+J】复制并新建图层，按住【Ctrl】键，单击一个线稿图层与一个底色稿图层，可将两图层同时选择，【Ctrl+E】合并图层，【Ctrl+J】将此合并图层复制并新建图层。单击【菜单栏】>【图像】>【调整】>【色阶】或使用快捷键【Ctrl+L】打开"色阶"，调整画面的明暗，如图 8-34 所示。

图 8-33

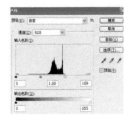

图 8-34

30 按住【Alt】键，鼠标单击"添加图层蒙版"，给此图层创建一个黑底蒙版。确定好光源后，使用喷笔，将怪物的亮部涂抹出。单击【工具箱】>【套索工具】或使用快捷键【L】打开"套索工具"，将"羽化"改为"100 px"，把靠近光源处的几个块面的亮部框选出，单击【菜单栏】>【图像】>【调整】>【色阶】或使用快捷键【Ctrl+L】打开"色阶"，将框选出的靠近光源部分的亮部明度加强，如图 8-35 所示。

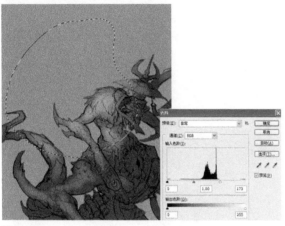

图 8-35

31 使用快捷键【Ctrl+J】将此图层复制并新建一个图层，继续使用"套索工具"，将背光部位框选出，单击【菜单栏】>【图像】>【调整】>【色相/饱和度】或使用快捷键【Ctrl+U】打开"色相/饱和度"，调节明度，使框选的暗部部分颜色变深，如图 8-36 所示。

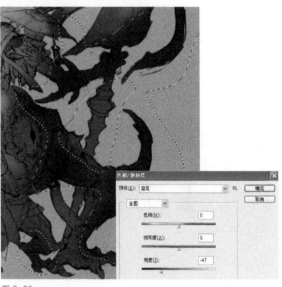

图 8-36

32 接下来，进入上色的环节。单击【工具箱】>【多边形套索工具】或使用快捷键【L】打开"多边形套索工具"，将设定好相同颜色的区域——框选出来，如图 8-37 所示。

图 8-37

33 单击"新建"建立一个空白图层。单击【菜单栏】>【图像】>【调整】>【色相/饱和度】或使用快捷键【Ctrl+U】打开"色相/饱和度"，将"着色"勾选，调节各数值，达到自己满意的效果，如图 8-38 所示。

图 8-38

34 单击"新建"建立一个空白图层。按照上一步骤方法，继续使用"多边形套索工具"，将属于怪物身体的块面全部框选出，单击【菜单栏】>【图像】>【调整】>【色相/饱和度】或使用快捷键【Ctrl+U】打开"色相/饱和度"，将"着色"勾选，调节各数值，达到自己满意的效果，如图 8-39 所示。

35 继续使用"多边形套索工具"，将怪物身上的一些设计元素分别框选出，利用"色相/饱和度"进行调色上色，直到将整幅画作的颜色都上满，如图 8-40 所示。

tips

将每一个装饰元素上色之前都要新建图层，也就是说一个颜色一个图层，这样做有利于后期单独对颜色进行调整修改。

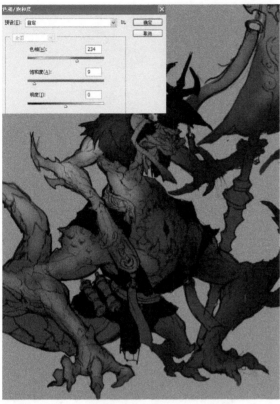

图 8-39

图 8-40

▶▶ 8.2.3 异型六足怪精度的细化

36 单击选中怪物身体颜色的图层，单击【菜单栏】>【图像】>【调整】>【色相/饱和度】或使用快捷键【Ctrl+U】打开"色相/饱和度"，将吸管工具移至怪物身体，吸取其颜色，调节各数值至满意效果，如图 8-41 所示。

37 单击【菜单栏】>【图像】>【调整】>【替换颜色】，将吸管工具在怪物身体的高光部位单击一下，吸取其颜色，调节各选项，以达到满意效果，如图 8-42 所示。

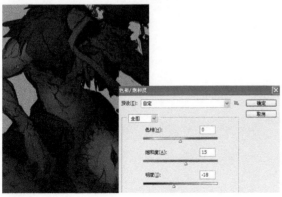

图 8-41

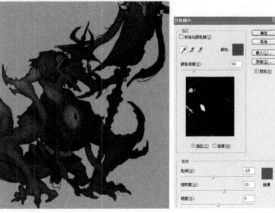

图 8-42

38 单击【工具箱】>【套索工具】或使用快捷键【L】打开"套索工具"，将怪物的尾部框选出，单击【菜单栏】>【图像】>【调整】>【色相/饱和度】或使用快捷键【Ctrl+U】打开"色相/饱和度"，将框选部位的明度降低，再依次往后框选尾部，逐步降低明度，使尾巴呈现渐变变暗趋势，如图8-43所示。

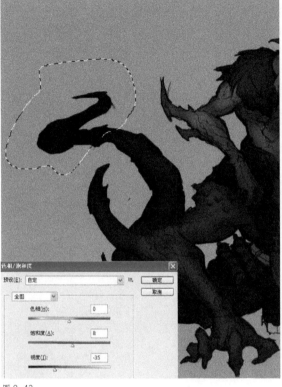

图 8-43

39 继续使用"套索工具"，将怪物手部和腿部的肘关节处的尖刺圈出，纳入调色范围，单击【菜单栏】>【图像】>【调整】>【色相/饱和度】或使用快捷键【Ctrl+U】打开"色相/饱和度"，调节各项数值，最主要是调低明度并调高饱和度，如图8-44所示。

图 8-44

40 按住【Ctrl】键，单击依次选中所有图层，将这些图层全部选择，鼠标左键将选中的图层拖动至"新建"处将复制并新建所有图层。把原有的所有图层与复制并新建的所有图层，分别拖动至"创建新组"处，建立成两个不同的图层组，并将其中一个隐藏，另一个使用快捷键【Ctrl+E】合并其中的所有图层。单击【工具箱】>【画笔工具】或使用快捷键【B】打开"画笔工具"，将画笔模式改为"滤色"，画出帽子上的花纹装饰，再将画笔模式改为"正片叠底"，画出帽子内部的阴影，如图8-45所示。

图 8-45

41 继续使用"画笔工具"，将画笔模式改为"正片叠底"，按住【Alt】键将画笔转换为吸管工具，边吸取各部分颜色，边将其暗部大致绘出，表现出体积感，如图8-46所示。

图 8-46

42 继续使用"画笔工具"，将画笔模式改为"滤色"，把怪物脸部的高光绘出，再将画笔模式改为"正片叠底"，将阴影部分强调一遍，使其与亮部相辅相成，突出体积感。把画笔模式改为"叠加"，打开拾色器，选择一个暖色，将怪物的眼睛画出，如图 8-47 所示。

图 8-47

43 将画笔模式改为"滤色"，用喷笔将怪物身体受光部位的高光点出，甲片、硬甲的部位应用黑白灰三大面表现出体积感，如图 8-48 所示。

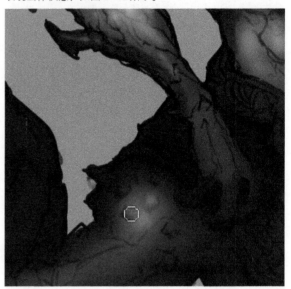

图 8-48

44 按住空格键，拖动画布，将焦点集中在肚子中间的眼睛上。首先将画笔模式改为"饱和度"，将眼球周围的固定物绘上颜色，再将画笔模式改为"滤色"，将固定物的高光点出。把画笔模式改为"正片叠底"，打开拾色器选择一个红色，在眼球周围涂抹一遍，打造出撕烂效果。再把画笔模式改为"滤色"，将眼球内的带有装饰性的高光点出。将画笔模式改为"正片叠底"，绘出眼球中间的瞳孔与四周的血丝。由于眼球是一个光滑的球体，因此，把画笔模式改为"颜色减淡"，将其整体的高光绘出。最后，将画笔模式改为"正常"，打开拾色器选择一个冷色，在眼球的侧面勾勒出一条细边作为反光，是眼球有突起的视觉效果，如图 8-49 所示。

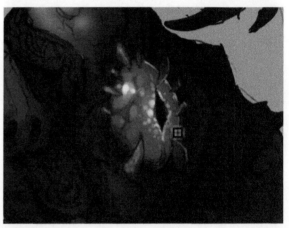

图 8-49

45 使用快捷键【Ctrl++】放大画面，按住空格键拖动画布，将焦点集中在怪物的帽子上。将画笔模式改为"叠加"，打开拾色器，选择一个冷色调，将帽子上的金属边缘勾勒出一条细边作为反光，如图 8-50 所示。

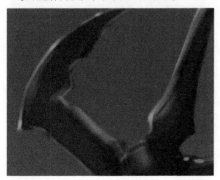

图 8-50

46 继续使用"叠加"模式的画笔，将帽子上的突起打上高光，再将画笔模式改为"正常"，吸取周围的暗色，将高光的侧面压暗，体现出厚度以及凸显立体感。再将画笔模式改为"叠加"，将帽子的花纹绘出，如图 8-51 所示。

图 8-51

47 将怪物身体以及装饰的对光部分都用冷色调和"叠加"模式打上反光。继续使用"叠加"模式的画笔,吸取暗色,将装饰物的暗部纹路绘出,如图8-52所示。

48 按住【Ctrl】键,单击依次选中所有图层,将可见图层全部选取,鼠标拖动这些图层至"新建"处,即可复制并新建选取的图层,【Ctrl+E】将复制的新建图层合并,单击"新建"建立一个空白图层。用画笔将旗帜上的图腾填色,再使用明度较大的暖色勾边,吸取旗帜的亮部颜色,将亮部画完整,如图8-53所示。

图 8-52

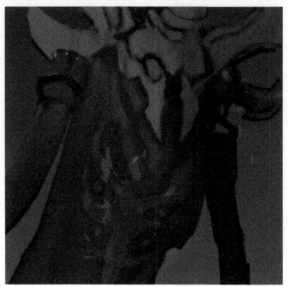

图 8-53

49 打开画笔预设,选择喷笔,将画笔的模式改为"叠加",将旗帜的受光部分打上高光。将两边的飘带部分,也绘出明暗区分,注意明暗交界线的位置,如图8-54所示。

50 将画笔模式改为"颜色减淡",将旗帜的图腾的边缘线,适当打上高光。打开拾色器,选择颜色比较相近的另一颜色,将旗帜整体的高光再强调一次,如图8-55所示。

图 8-54

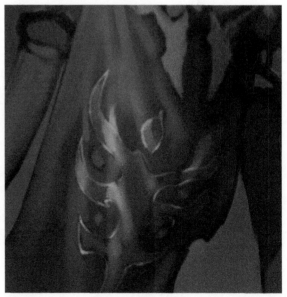

图 8-55

51 按住空格键拖动画布，将焦点移至权杖顶端的兽头骨上。按住【Alt】键将画笔转换为吸管工具，吸取暗色，将其暗部绘出。把画笔模式改为"颜色减淡"，将高光点出，再将画笔模式改为"叠加"，吸取高光颜色，绘出亮部，如图 8-56 所示。

图 8-56

52 按住空格键，拖动画布，将焦点集中在身体正中间。将画笔模式改为"线性减淡"，将怪物身体正中间的眼睛细化出高光和反光。在每个尖牙前端都画上暖色调的高光勾边，放大画笔，将眼球打上大面积的高光，如图 8-57 所示。

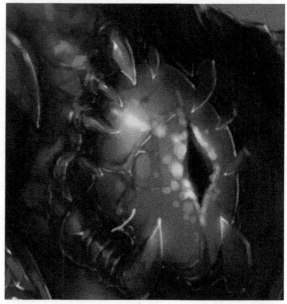

图 8-57

53 继续使用"颜色减淡"的画笔模式，将眼睛旁边的装饰物表现出材质感。饰物的设定为金属材质，因此，需要用高光来凸显其金属质感。将画笔缩小，在饰物的边缘处用高光勾边，再将画笔模式改为"正常"，吸取稍暗的颜色，将暗部绘出，用高光和暗部的色差来表现金属质感，如图 8-58 所示。

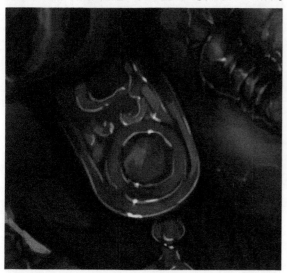

图 8-58

54 将画笔模式改为"正片叠底"，将怪物所穿服饰的暗部压暗，再将画笔模式改为"正常"，吸取较亮的颜色，将服饰的亮面绘出。同理将飘带用"正片叠底"压暗暗部，再使用"正常"模式绘出亮部。打开拾色器，选择比怪物皮肤略深的颜色，用"正片叠底"模式将靠后的腿涂抹均匀，并压暗其暗部，如图 8-59 所示。

图 8-59

55 将画笔模式改为"叠加"，将靠前的那只腿的暗部绘出，按住【Alt】键将画笔转换为吸管工具，吸取亮部的颜色，将高光绘出，如图 8-60 所示。

56 按住空格键，拖动画布，将焦点集中在怪物的脸部。继续使用"叠加"的画笔模式，将口器部分的暗部加深，再按住【Alt】键，将画笔转换为吸管工具，吸取亮部的颜色，将口器的高光点出，用暗部与高光相结合，凸显出口器的立体感。把画笔模式改为"正常"，打开拾色器，选择鲜红色将其涂抹在口器周围。把画笔模式改为"颜色减淡"，将面部以及口器的对光部分打上高光，如图 8-61 所示。

图 8-60

图 8-61

57 把画笔模式改为"正常"，按住【Alt】键将画笔转换为吸管工具，吸取亮部的颜色，在帽子上画出斜状格子，再吸取暗部颜色，将格子的深度及立体感表现出来，如图 8-62 所示。

58 按住空格键，拖动画布，将焦点往上移至顶端的饰物上。按住【Alt】键将画笔转换为吸管工具，吸取身体部分的高光颜色，将饰物的边缘反光勾勒出，再吸取暗色，将饰物上的凹陷处加深，并在加深了的凹陷处再点上高光，使其更具立体感。用暗红色作为其与帽子的暗部，使整个画面不会太暗沉，如图 8-63 所示。

图 8-62

图 8-63

59 将最左边对光处的帽子部分的反光延伸至内部，使过渡更加自然。用深色线条将帽子上的念珠勾勒一遍，突出边缘，如图 8-64 所示。

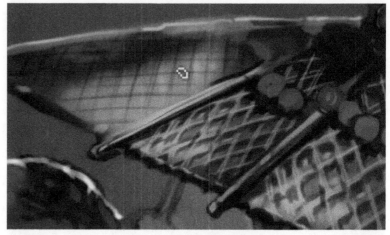

图 8-64

60 画到这里，此幅画作就完成了，此幅异型怪物的最终效果如图 8-65 所示。

图 8-65

8.3 本章小结

本章针对异型怪物解说并演示了一个实例，所谓异型怪物即是没有特定外形不受任何物种形体限制的怪物，因此在设计的时候可以尽量发挥想象，也可将多种实体物体选取部分再拼合组装，成为一个新物体。

第4篇 机械设计篇

第 **09** 章

甲虫型飞船的绘制——
虫型机械设计演示

本章中，我们将学习虫型的绘制构思、画法、技巧以及注意事项等。虫型机械，顾名思义就是昆虫形态的机械造型。要将昆虫的形态以机械化表现出来，就需要抓住昆虫的特点，再根据特点和机械结合在一起，就能设计出合理并且实用的机械。

要绘制一个机械类作品，首先要先确定主题，心里要有一个概念，想要画什么类型、什么体型的机械。其次，机械都是具有一定实用性的，每个机械都有其作用所在，因此在最初设计机械的时候，必须将功能性放在设计范围内。再次，在构思机械造型的时候，必须考虑其构造的合理性，不能够天马行空随意设计，机械本身就是具有一定考究性的事物。

在设计一个机械之前，我们可以多看看实际生活中的一些机械的设计，参考它们的构造以及外观设计，平时多积累有关机械的图片素材等，如电影《变形金刚》中的各种机械人，如图9-1所示。

图 9-1

9.1 甲虫型飞船的绘制流程

接下来将要演示的虫型机械的绘制概括起来可分为五个阶段：外轮廓的设定、描绘线稿、上色、明暗的绘制、材质的表现和细化。

以下演示的绘画作品为作者临摹，原著来源于网络，如图9-2所示。

图 9-2

◆第一阶段：外轮廓的设定

　　绘制步骤：放大画笔，用剪影的方式将脑中设想的机械大形表达出来，接着根据剪影的外轮廓，初步画出机械的结构和一些设计元素，一边修改原有的元素设计，一边加入新的元素设计，直到绘出最合适最美观的设计，如图9-3所示。

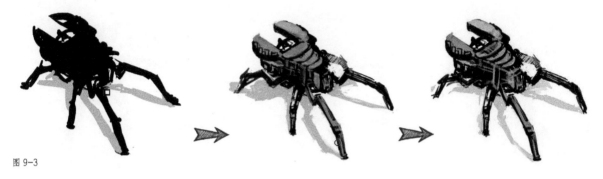

图 9-3

◆第二阶段：描绘线稿

　　绘制步骤：将确定好大形的剪影图层的不透明度调低，使整个画面呈现半透明状态。缩小画笔，根据大形的结构分布和元素设计，描绘出机械的线稿。此步骤重复两次，在第一次画出初步线稿之后，再次将初步线稿图层的不透明度调低，再一次进行描绘，最终画出清晰切线条整洁的线稿，如图9-4所示。

图 9-4

◆第三阶段：上色

　　绘制步骤：用魔棒工具将整个机械线稿框选，填充一个整体颜色，接着对需要使用其他颜色的小块面进行填充。使用"色彩平衡"和"色相/饱和度"对整体或框选部分进行色彩调节，此步骤重复多次，直到调整出合适的颜色为止，如图9-5所示。

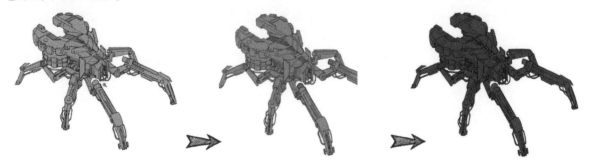

图 9-5

◆第四阶段：明暗的绘制

绘制步骤： 单击"新建"创建两个空白图层，并且为两个图层均添加图层蒙版，一个图层的混合模式为"正片叠底"，用于绘制暗部，另一个图层的混合模式为"滤色"，用于绘制亮部。绘制的过程中，不断使用"色相/饱和度"和"曲线"等色彩调节工具进行调节，如图9-6所示。

图9-6

◆第五阶段：材质的表现和细化

绘制步骤： 单击"新建"建立一个空白图层，打开准备好的类似机械表面纹理的贴图素材，按住【Ctrl】键，鼠标左键拖动贴图素材，拖至新建的图层中。将图层混合模式选为"柔光"使其和机械整体融合。并不是所有贴图的应用都选用"柔光"模式，需要根据贴图素材自身的颜色和纹路决定。贴好后，多次使用"色相/饱和度"和"色彩平衡"工具进行数值调节，使贴图素材与机械本身融合度更高。最后使用喷笔处理一些不贴合处，以及对金属材质进行细致表现，如图9-7所示。

图9-7

9.2 甲虫型飞船的设计演示

这一节，我们将针对虫型机械进行一个实例演示。在此机械的设计中，讲求创新的设计和新颖的造型，但是在追求这些的同时，需要确保所设计的机械具有一定的实用性。在机械的绘制中，需要特别注意其关节部位的设计，因为关节一旦设计不合理，将导致整个机械都无法运转，从而失去其功能性。材质的处理对机械的绘制来说也至关重要，所使用的贴图素材，需符合该机械的设计特点和要求，并且在处理贴图素材与机械的融合度时也需要多花心思，使它们之间达到无缝隙无边界的贴合。

9.2.1 甲虫型飞船外轮廓的设计与线稿的绘制

01 首先，需要创建一块新画布，单击【菜单栏】>【文件】>【新建】或使用快捷键【Ctrl+N】新建画布，弹出对话框后根据需要对各参数进行设置，完成后单击"确定"即创建成功，如图9-8所示。

图 9-8

03 在剪影大形的基础上，用大画笔也以剪影的形式将设计思路大致画出，主要将机械的连接方式和一些设计元素表达出来，之后再依据自己的设计和完成的剪影去深入细化，详细绘制，如图9-10所示。

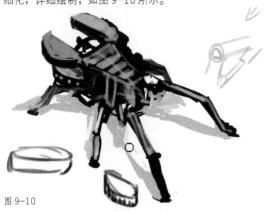

图 9-10

05 整个机械的剪影绘制完毕后，将图层的不透明度调低，使整个图像呈现半透明状态。单击"新建"建立一个空白图层，缩小画笔，在半透明的剪影基础上，根据大形的结构分布和元素设计，描绘出机械的线稿，如图9-12所示。

02 单击"新建"建立一个空白图层，用大画笔将机械的大致形状和造型用剪影形式绘制出，在剪影的下方用其他颜色将机械的影子粗略表示一下，如图9-9所示。

图 9-9

04 在设计的过程中，一边修改原有的元素设计，一边加入新的元素设计，不停进行创新和尝试，直到出现最合适最美观的设计，如图9-11所示。

图 9-11

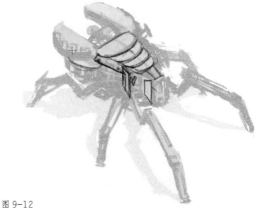

图 9-12

06 在画线稿的过程中，还可以继续加入新的设计元素，但不管怎么添加，都要在剪影的基础上进行，并且要符合机械的实用性，如图 9-13 所示。

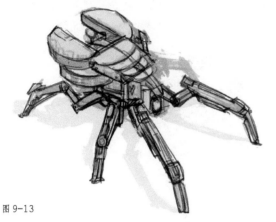

图 9-13

08 在画机械的关节处时，一定要注意其合理性，不能为了加一些设计便画成无法活动或不方便活动的关节。对于机械来说，关节是非常重要的一块，必须严格考究，如图 9-15 所示。

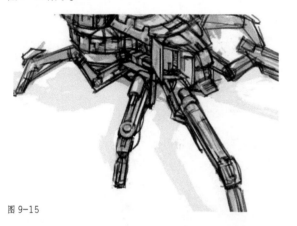

图 9-15

10 单击"新建"建立一个空白图层，使用快捷键【Ctrl++】放大画布，将画笔缩小，在半透明的线稿图层上，按照原来的线稿再描绘一次，这一次的线稿将作为最终线稿，因此线条要清晰和整洁，不能杂乱和粗细不一。描绘的时候注意直线要直，且一条线一笔过，切勿来来回回描绘多次，如图 9-17 所示。

07 根据剪影将外轮廓线稿绘出后，即可对内部的构造和一些细节进行细化，清晰地描绘出各种设计元素的轮廓，如图 9-14 所示。

图 9-14

09 线稿完成之后，使用快捷键【Ctrl+J】新建复制图层，将线稿图层复制一遍，把此复制的线稿图层的不透明度调低一些，使图层呈现半透明状态，如图 9-16 所示。将其他的图层隐藏。

图 9-16

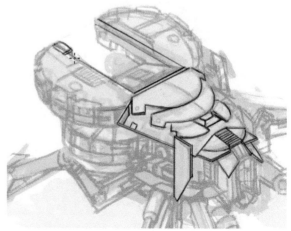

图 9-17

11 在这次的最终线稿的描绘中，就需要将所有设计元素和细节都清晰画出，注意空间感和透视，还有各种机械零件的厚度也要表达出来，如图9-18所示。

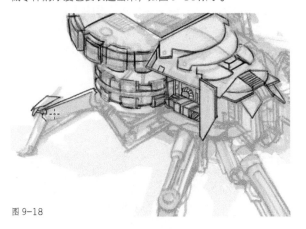

图 9-18

12 最终线稿描绘完之后，单击【工具箱】>【橡皮擦工具】或使用快捷键【E】打开橡皮擦工具，将线稿一些多余的线条擦干净，使线稿整洁、线条清晰，如图9-19所示。

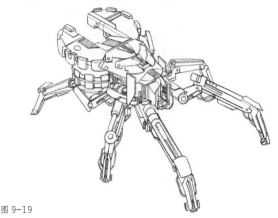

图 9-19

13 接下来，需要将整个线稿框选上色。单击【工具箱】>【魔棒工具】或使用快捷键【W】打开魔棒工具，鼠标左键在画布上单击，即可将线稿都框选。但是仅仅这样做，会将线稿之间不需要的镂空部位也框选进来，因此，需要按住【Shift】键，单击空白镂空处即可将不需要的镂空处也加入框选，如图9-20所示。

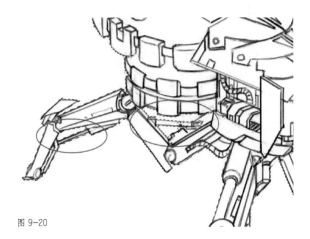

图 9-20

9.2.2 甲虫型飞船明暗的绘制

14 此时框选的是除了机械线稿以外的空白部分，所以在框选妥当后，我们使用快捷键【Shift+Ctrl+I】反向选择框选部分，这时所选择的才是线稿以内的部分。单击"新建"建立一个空白图层，机械的颜色将填充在此图层上。单击拾色器，选取一个金属色，单击【菜单栏】>【编辑】>【填充】或使用快捷键【Shift+F5】，即可将选取的金属色填满整个机械。由于色稿图层在线稿图层之上，遂将线稿全部覆盖了，此时需要将色稿图层拖动至线稿图层下方，效果如图9-21所示。

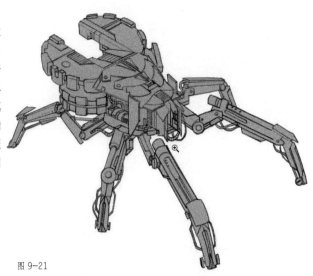

图 9-21

15 大体颜色填充好后，接着，将对需要使用其他颜色的小块面进行填充。对于一些将使用相同颜色进行填充的块面，我们可以进行批量处理。单击"新建"建立一个空白图层，按住【Alt】的同时在此图层和色稿图层的中间单击，将在此图层创建一个剪贴蒙版。单击【工具栏】>【魔棒工具】或使用快捷键【W】打开魔棒工具，按住【Shift】键的同时单击需要填色的块面，即可同时框选多个块面。框选完成后，单击拾色器，选择一个颜色单击"确定"，接着单击【菜单栏】>【编辑】>【填充】或使用快捷键【Shift+F5】，即可将框选的块面都填充满选择的颜色，如图9-22所示。

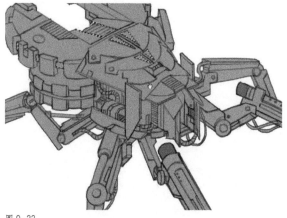

图 9-22

17 单击【菜单栏】>【图像】>【调节】>【色彩平衡】或使用快捷键【Ctrl+B】打开"色彩平衡"对话框，对"中间调"和"高光"分别进行数值设置，经过多次调节找到最合适的颜色，如图9-24所示。

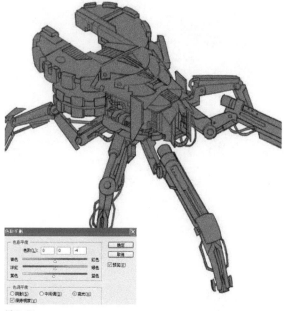

图 9-24

16 若要修改填充的机械颜色，单击选择色稿图层，单击【菜单栏】>【图像】>【调整】>【色相/饱和度】或使用快捷键【Ctrl+U】打开"色相/饱和度"，调节数值，观察预览图的颜色变化，选择最满意最合适的效果，单击"确定"即可，如图9-23所示。

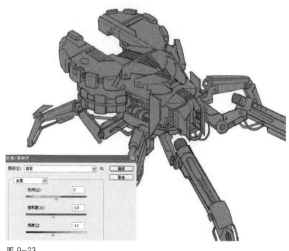

图 9-23

18 按住【Ctrl】键，单击选取色稿图层和局部色稿图层，拖动两个图层至□"新建"处，将同时新建并复制选中的两个图层，【Ctrl+E】将复制出的两个图层合并，按住【Alt】键的同时在此合并图层和原来的局部色稿图层的中间单击，释放剪贴蒙版。将原来的两个色稿图层隐藏，再次按住【Alt】键，单击合并的复制图层向上拖动三次，将建立三个复制图层，分别为"图层5 副本"、"图层5 副本2"、"图层5 副本3"。将副本3的图层混合模式选为"滤色"，副本2的图层混合模式选为"正片叠底"，隐藏图层副本3，效果如图9-25所示。

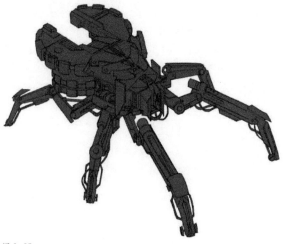

图 9-25

19 对副本 2 图层进行色彩调节。单击【菜单栏】>【图像】>【调整】>【色相/饱和度】或使用快捷键【Ctrl+U】打开"色相/饱和度"，调节数值，效果如图 9-26 所示。

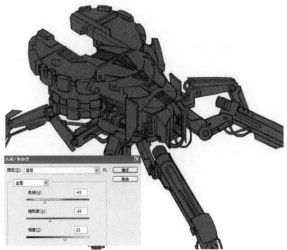

图 9-26

20 单击选中"图层 5 副本 3"，单击【菜单栏】>【图像】>【调整】>【色相/饱和度】或使用快捷键【Ctrl+U】打开"色相/饱和度"，调节数值，效果如图 9-27 所示。

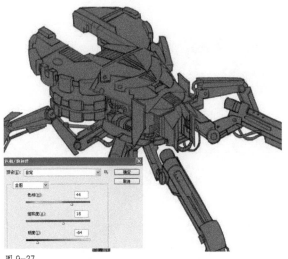

图 9-27

21 单击选中"图层 5 副本 2"，按住【Alt】键，单击 "添加矢量蒙版"创建一个黑底蒙版，用画笔将机械的暗部粗略绘出，如图 9-28 所示。

图 9-28

22 单击选中"图层 5 副本 3"，按住【Alt】键，单击 "添加矢量蒙版"创建一个黑底蒙版，用画笔将机械的亮部粗略绘出，如图 9-29 所示。

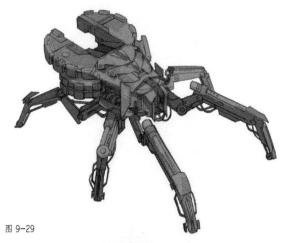

图 9-29

23 单击选中"图层 5 副本 3"，单击【菜单栏】>【图像】>【调整】>【色相/饱和度】或使用快捷键【Ctrl+U】打开"色相/饱和度"，调节数值，效果如图 9-30 所示。

tips

　　由于此图层创建了蒙版，因此在选取图层进行色彩调节时，必须单击前面的图层而不是后面的蒙版，否则是无法进行调节的。

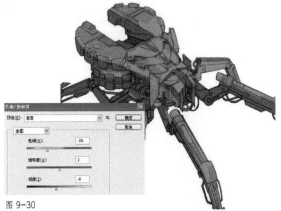

图 9-30

24 单击选中"图层5 副本2",单击【菜单栏】>【图像】>【调整】>【曲线】或使用快捷键【Ctrl+M】打开"曲线",对图层进行调节。同理对"图层5 副本3"进行调节,效果如图9-31所示。

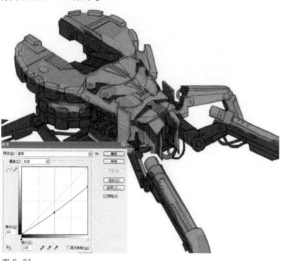

图 9-31

图 9-33

9.2.3 甲虫型飞船材质的细化过程

27 单击选中"图层5 副本3",【Ctrl++】放大画布,此图层为亮部图层,图层混合模式为"滤色"。在之前画好的亮部的基础上对亮部进一步绘制,并利用亮色在机械上绘出一些纹理,如图9-34所示。

25 单击选中"图层5 副本2",将"图层5 副本3"隐藏。【Ctrl++】放大画布,在之前画好的粗略暗部的基础上,对暗部进行进一步绘制,如图9-32所示。

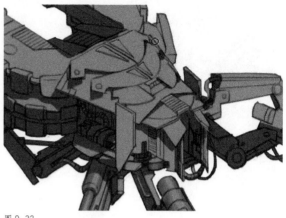

图 9-32

tips

> 由于图层创建有蒙版,因此画暗部的时候不需要使用吸管工具来吸取颜色,蒙版的颜色只有黑白两色,此图层创建的蒙版为黑底。因此,当前景色为白色时,在蒙版上画出的即为图像中的暗部颜色;当前景色为黑色时,在蒙版上画出的就是图像中的机械本来的颜色,使用快捷键【X】替换前景色和背景色。

26 由于机械的零件和块面比较多,因此在处理明暗的时候需要特别细心,每一个块面和细节都要明确其明暗,如图9-33所示。

图 9-34

28 亮部和暗部之间需要有一个灰面进行过度，才能使整体的明暗显得自然合理，利用好这三者之间的关系，可以充分突出机械的立体感，如图 9-35 所示。

图 9-35

30 单击选中之前的色稿图层，单击【工具栏】>【魔棒工具】或使用快捷键【W】打开魔棒工具，在色稿图层上左键单击框选色稿。回到贴图素材图层，单击添加图层蒙版，在图层混合模式处将每一种混合模式都进行选中试验，观察哪一种模式能将贴图素材和原有画面最大限度的融合。选择"柔光"模式，效果如图 9-37 所示。

图 9-37

32 单击选中此复制图层的蒙版，单击退格键，将一并复制的蒙版内容删除，留下空白蒙版，单击选中"图层 5 副本 3"，同时按住【Ctrl+Alt】键，左键向上拖动蒙版至新的拷贝图层蒙版处，在弹出的对话框中单击"是"，即可将"图层 5 副本 3"的蒙版内容复制至复制图层的蒙版中，如图 9-39 示。

29 单击"新建"建立一个空白图层，打开一个类似机械表面纹理的贴图素材，按住【Ctrl】键，鼠标左键拖动贴图素材，拖至新建的图层中。此时贴图素材虽然已在图像上，但与图像无法融合，因此需要对图层的混合模式进行调节，如图 9-36 所示。

图 9-36

31 单击选中贴图素材图层，按住【Alt】键，左键向上拖动此图层，可新建并复制选中的这一图层，连同蒙版一起。将此复制图层的混合模式选为"线性减淡"，效果如图 9-38 所示。

图 9-38

图 9-39

33 单击选中"图层6"，单击【菜单栏】>【图像】>【调整】>【色相/饱和度】或使用快捷键【Ctrl+U】打开"色相/饱和度"，在选项框中进行数值调节，效果如图9-40所示。

34 用喷笔将机械表面一些不太合理的暗部和高光部位涂抹均匀，注意黑白灰过度，如图9-41所示。

图 9-40

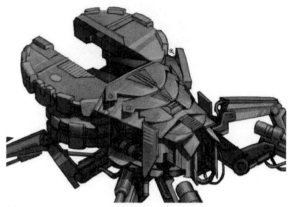

图 9-41

35 单击"新建"建立一个空白图层，放大画笔将机械的投影画出，注意投影与主体的位置关系，各部分的投影要保持一致，始终在同一个平面内，如图9-42所示。

36 单击【菜单栏】>【图像】>【调整】>【色相/饱和度】或使用快捷键【Ctrl+U】打开"色相/饱和度"，在选项框上调节数值，将投影的颜色调到最佳为止，如图9-43所示。

图 9-42

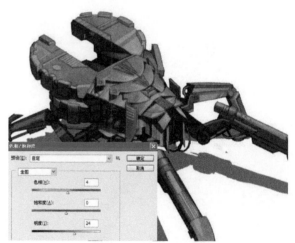

图 9-43

37 单击选中背景图层，单击"新建"建立一个空白图层，将新图层建立在所有图层之下，那么在此图层中绘制的图像将不会遮盖以上图层所绘制的图像。在画笔中选取一个合适的画笔，涂满整个图层，适当调低其不透明度即可作为图像的背景，如图9-44所示。

图 9-44

38 单击【工具箱】>【矩形选框工具】或使用快捷键【M】打开矩形选框工具，将背景的整个图层框选，【Ctrl+T】打开变形工具，将背景拉伸至如图所示，这样做的目的是强调出整体的空间感，如图 9-45 所示。

图 9-45

40 单击【菜单栏】>【滤镜】>【模糊】>【动感模糊】，在弹出的选项框中调节数值，效果如图 9-47 所示。

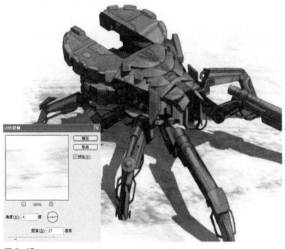

图 9-47

42 在"图层 10"和"图层 9 副本"两个图层的中间，按住【Alt】键的同时单击，将创建一个剪贴蒙版。使用快捷键【Ctrl+J】新建并复制此图层，在"图层 10 副本"与"图层 10"两个图层的中间，按住【Alt】键的同时单击创建一个剪贴蒙版。单击"新建"建立一个空白图层，在此图层中画出机械在背景的雪地上印出的痕迹，如图 9-49所示。

39 单击 ▣ 给画有背景的图层添加一个图层蒙版，在画笔工具中，选择一个带有空洞的海绵画笔，在画面中涂抹出如图 9-46 所示的效果。

图 9-46

41 使用快捷键【Ctrl+J】新建并复制该图层，并适当调节该图层的不透明度。单击"新建"建立一个空白的图层，打开画笔工具，选取一个合适的画笔，在原有的背景上均匀涂抹，完成后，将此图层的混合模式选为"柔光"，效果如图 9-48 所示。

图 9-48

图 9-49

43 单击【工具箱】>【加深工具】或使用快捷键【O】打开加深工具，将"范围"调整为"阴影"，用画笔在痕迹的暗部，利用加深工具画出其阴影，如图 9-50 所示。

图 9-50

44 单击【菜单栏】>【图像】>【调整】>【色相/饱和度】或使用快捷键【Ctrl+U】打开"色相/饱和度"，在弹出的选项框中进行数值设置，如图 9-51 所示。

图 9-51

45 单击"新建"建立一个空白图层，将图层的混合模式选为"线性减淡"，【Ctrl++】放大画布，将焦点放在需要处理的部分，用吸管工具吸取该部分的颜色后，用喷笔在该部分上涂抹，最终效果如图 9-52 所示。

图 9-52

46 单击"新建"建立一个空白图层，按住【Alt】键的同时在机械主体上单击一下，吸取其主体颜色，用喷笔将机械稍靠后的部分，稍微涂抹虚化，调节此图层的不透明度，使虚化部分和整体画面协调，如图 9-53 所示。

图 9-53

9.3 本章小结

　　本章主要围绕讲解了虫型机械的绘制，在机械绘画中，不管是什么形体，最重要的是要抓住该形体的特征。虫型机械可按照昆虫的外表形态来设计外轮廓，在此基础上，再添加机械元素和设计，用色的时候，突出金属的质感和特点，就能够准确地绘制出想要的机械效果。

第 10 章

铁拳机械人和滑翔翼机械人的绘制——人型机械设计演示

　　人型机械，顾名思义就是具有人体外形特征的机械。通常这种机械有拟人化的手和脚，双脚直立行走。在绘制此种机械人时，不需要严格按照人体比例和造型来设计，整体形状和各肢体部位可根据喜好和设计灵感来设定，但必须注意各部分的衔接和关节的处理。

10.1 铁拳机械人的绘制流程

此人型机械的绘制总结归纳起来可以分为五个阶段：外轮廓的设定、线稿的描绘、明暗的绘制、内部细化、上色与调色。

以下演示的绘画作品为作者临摹，原著来源于网络，如图10-1所示。

图 10-1

◆第一阶段：外轮廓的设定

绘制步骤：使用大画笔，将对机械人的设计思路大致描绘出，在确定形体和造型的准确度后，可以初步在大形上添加一些设计元素，如图10-2所示。

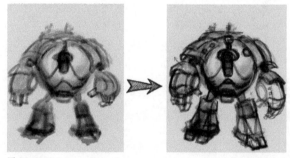

图 10-2

◆第二阶段：线稿的描绘

绘制步骤：将确定好的外轮廓图层的不透明度调低，使整个画面呈现半透明状态。缩小画笔，根据大形的结构分布和元素设计，描绘出机械人的线稿。此步骤重复可两次，也可一次完成，若想要一次性完成线稿，就需要在勾勒的过程中细致处理线条，使线稿清晰整洁，如图10-3所示。

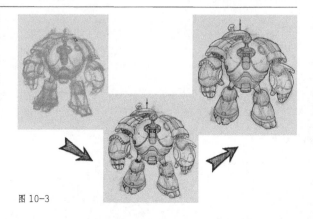

图 10-3

◆第三阶段：明暗的描绘

　　绘制步骤：使用魔棒工具将整个线稿外轮廓框选出，填充一个单填色，之后，利用剪切蒙版绘制暗部和亮部，由于是机械，绘制过程中需要特别注意反光，并且暗部不能够太暗，要保持黑白灰三大面的平衡协调，如图10-4所示。

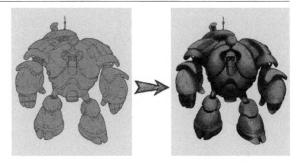

图 10-4

◆第四阶段：内部细化

　　绘制步骤：在有了基本明暗关系后，结合金属材质的表现手法，对其进行内部细化。要体现出立体感，投影也是很重要的，因此，在一些暗面里，也需要使用更深的颜色将其投影表示出来。而金属材质的边缘部分都是高亮的，细化过程中需要特别描绘出，如图10-5所示。

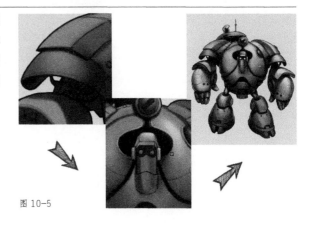

图 10-5

◆第五阶段：上色与调色

　　绘制步骤：细化完成后，首先给机械人整体填充一个颜色，之后可根据个人喜好和需要，打开"色相/饱和度"以及"色彩平衡"等调色工具对颜色进行调整。机械人的颜色完成后，可以使用渐变工具给背景也添加一个渐变的颜色，使整个画面看起来层次感更强，如图10-6所示。

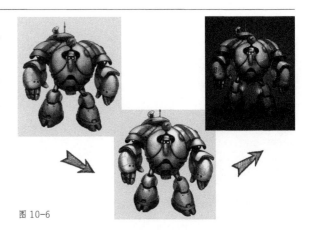

图 10-6

10.2　铁拳机械人的设计演示

　　人型机械的绘制要点是，需要参考人的形体姿态进行设计，也就是机械的拟人化，俗称的机器人。他们具有手和脚，并且直立行走，抓住这个要点，再结合机械的画法即可实现人型机械的设计与绘制。

➤➤ 10.2.1 铁拳机械人外轮廓设计与线稿的绘制

01 首先，单击【菜单栏】>【文件】>【新建】或使用快捷键【Ctrl+N】创建一个画布，画布的预设等选项可以按自己需求来设定，设置完后如果觉得长了或者宽了，可以使用【工具箱】【裁剪工具】或快捷键【C】打开裁剪工具，将画布裁剪成需要的大小，如图10-7所示。

02 单击【菜单栏】>【图像】>【调整】>【色相/饱和度】或使用快捷键【Ctrl+U】打开"色相/饱和度"，调节明度，将画布的色调调成灰色。单击"新建"建立一个空白图层，如图10-8所示。

03 用画笔将脑中对人型机械的设计想法大致画出，确定其造型和体型，完成一个初步的概念设计。在这一步中，不需要将其设计表达得很细腻，只要将想法表达出来就可以了，之后将根据这个基础来深入表现，如图10-9所示。

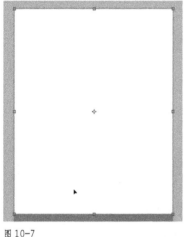

图 10-7

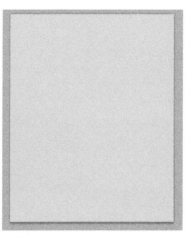

图 10-8

图 10-9

04 在设计概念图的基础上，按照原有思路，将简单的线条稍微深入表现，把抽象的部位绘出具体形态，使整体具象化，如图10-10所示。

05 单击"新建"建立一个空白图层，鼠标左键选取线稿图层，调节此图层的不透明度，使线稿呈现半透明状态，如图10-11所示。

06 鼠标左键单击新建的空白图层，使用快捷键【Ctrl++】放大画布，选择一个部位进行勾线。整体来看，此人型机械造型比较圆，因此各部分也尽量画圆一些。在勾线的过程中需注意透视以及各部件的厚度，如图10-12所示。

图 10-10

图 10-11

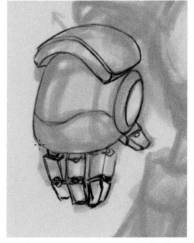

图 10-12

07 机械的绘制需要特别注意其厚度，因为机械是由钢铁部件组成，而钢铁是具有一定厚度的，不能表现得过于平面化。有些细节部位或关节连接处可以适当地画细致些复杂些，如图10-13所示。

08 在线稿的勾勒过程中，需要根据初步的概念设计去添加一些设计，但设计的添加不能是盲目的，必须予以审视，这个元素放在这里是否美观协调。各部分的设计还要注意疏密有致，均匀分散，不扎堆设计，如图10-14所示。

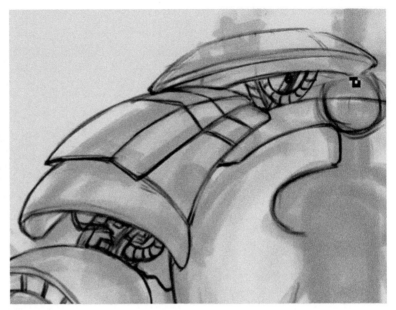

图 10-14

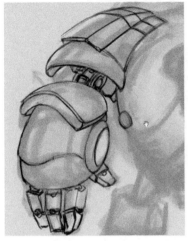

图 10-13

09 在勾勒线稿并添加设计的过程中，遇到需要修改的部分，可以单独框选出，进行修改或变形或者液化。如此步骤中，机械的头部过长，可以单击【工具箱】>【套索工具】或使用快捷键【L】打开套索工具，将头部需要修改的部分框选出，使用快捷键【Ctrl+T】打开变形功能，对其进行缩短等操作，如图10-15所示。

10 勾勒线稿时，注意线条的虚实，不能每条线都画死，要有力道的区别和强度的区别，在之后的上色和细化中才容易区分出各部位所表达的感觉，如图10-16所示。

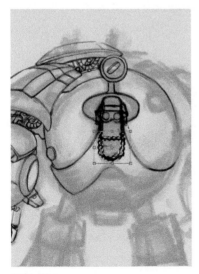

图 10-15

图 10-16

11 在描绘机械人的手部时，需要注意，机械人的手指要
当做几个块面来画，并且注意块面之间的关节衔接，
如图 10-17 所示。

图 10-17

12 勾勒线稿的过程中，若要丰富整体的设计感，就需要往
上面添加一些设计，一边勾线一边进行装饰元素的设
计，使整体造型不单调。勾勒并设计完成的效果如图 10-18
所示。

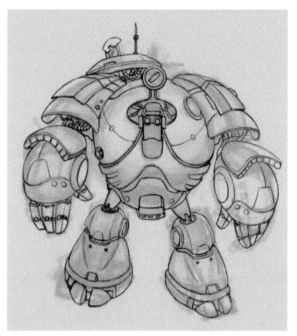

图 10-18

13 使用快捷键【Ctrl+J】新建并复制此线稿图层，并将图
层的不透明度降低，如图 10-19 所示。

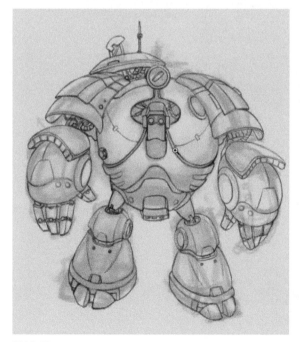

图 10-19

14 单击"新建"建立一个空白图层，将整个机械人的外
轮廓，用颜色深一些且粗一些的线勾勒一遍，如图
10-20 所示。

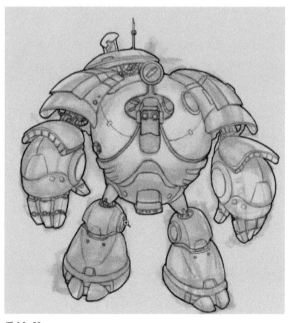

图 10-20

15 按住【Ctrl】键，单击选择所有线稿图层，使用快捷键【Ctrl+E】将所选线稿图层合并。合并后，单击【菜单栏】>【图像】>【调整】>【曲线】或使用快捷键【Ctrl+M】打开"曲线"，调节图像的色差，使深色的线更明显，浅色的线淡化，以便框选时能够更精确。单击【工具箱】>【魔棒工具】或使用快捷键【W】打开"魔棒工具"，在画面中单击即可框选整个外轮廓。镂空部位，按住【Shift】键单击即可一并框选，如图 10-21 所示。

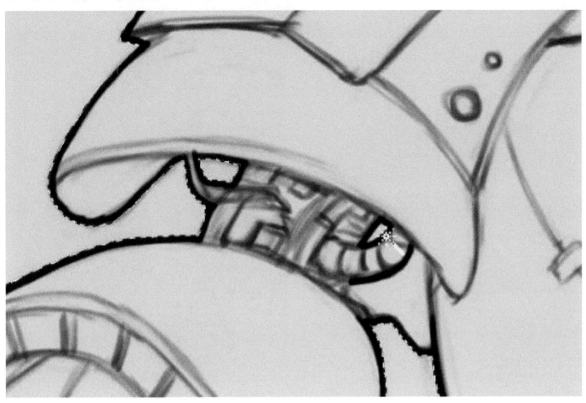

图 10-21

▶▶ 10.2.2 铁拳机械人明暗的绘制

16 框选之后，所选部分为外轮廓的外部，右击选择"反选"或使用快捷键【Ctrl+Shift+I】，反选后框选的就是外轮廓以及机械的内部。按住【Ctrl】键，单击"新建"建立一个在线稿图层之下的空白图层，填充一个颜色，隐藏线稿图层，从剪影上观察机械人的设计及形体的准确度，如图 10-22 所示。

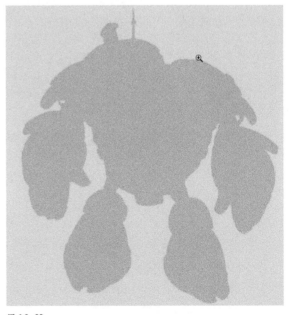

图 10-22

17 将线稿图层取消隐藏，并调低其不透明度，单击"锁定全部"将线稿图层锁定。鼠标左键选择色稿图层，单击【菜单栏】>【图像】>【调整】>【色相/饱和度】或使用快捷键【Ctrl+U】打开"色相/饱和度"，调节明度使色稿颜色加深，如图 10-23 所示。

18 单击"新建"建立一个空白图层，按住【Alt】键在色稿图层和新建图层的中间单击即可创建色稿图层的剪切蒙版，这样在新建的图层中不管怎么画，都不会超出色稿图层的范围。单击拾色器，选择一个暗色，将暗部描绘出。投影也必须讲究地画出才能体现出空间感，如图 10-24 所示。

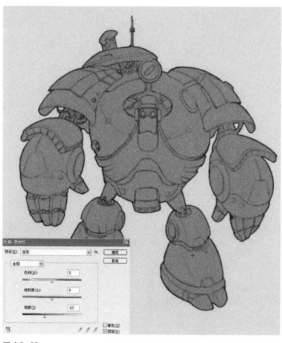

图 10-23

图 10-24

19 画暗部的时候，需注意机械人的一些连接部位，或者凹陷部位，都属于暗部，都要填充进暗色，如图 10-25 所示。

20 暗部绘制完成后即可体现出立体感和空间感，如图 10-26 所示。

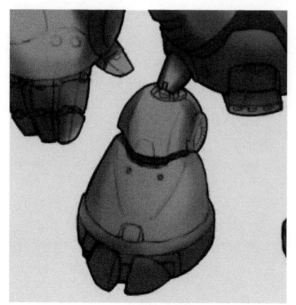

图 10-25

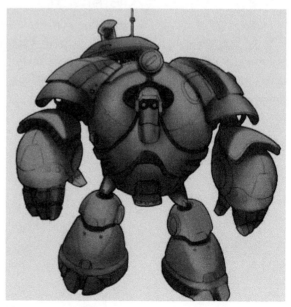

图 10-26

21 单击【菜单栏】>【图像】>【调整】>【曲线】或使用快捷键【Ctrl+M】打开"曲线"，对暗部的深浅进行微调，如图 10-27 所示。

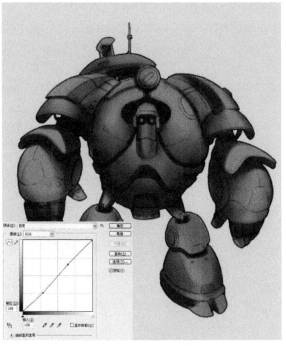

图 10-27

22 要凸显出机械人结构部分一层压一层的空间感，投影部分需要细致地处理。在本身已经是暗部的部位，用比暗部更深的暗色将此部分的投影画出，如图 10-28 所示。

图 10-28

23 在画装饰的螺丝的明暗时，可以当做一个球体去画，注意在其底部画出反光，如图 10-29 所示。

图 10-29

24 参照已完成的左半部分，对右半部分的机械进行明暗的深入描绘。依然需要特别注意投影的绘制，如图 10-30 所示。

图 10-30

25 通常大面积的暗部里面，都会有一点反光部分，再遇到这种情况的时候，注意在里面加上一些反光，如图10-31所示。

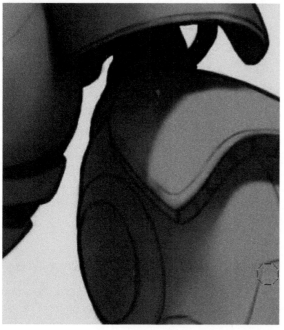

图 10-31

26 单击"新建"建立一个空白图层，按住【Alt】键在此新建图层和暗部图层的中间单击创建剪切蒙版，此图层用于描绘亮部。画亮部的时候注意金属的边缘都是高亮的，需要特别刻画出，如图10-32所示。

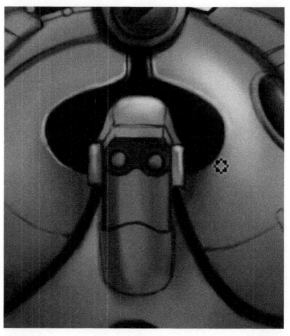

图 10-32

27 打开拾色器，选择一个黑和白中间色调的灰色，将机械暗部里面被遮盖的电缆等细节画出，如图10-33所示。

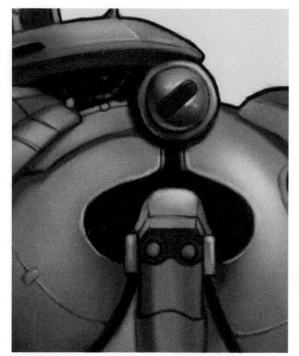

图 10-33

28 在绘制这类金属材质的图像时，需要注意在垂直面的暗部和亮部是带有线条感的，因此垂直面的暗部和亮部都应化成笔直的竖线，如图10-34所示。

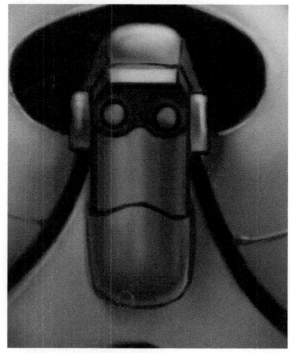

图 10-34

29 手部的明暗细化，注意反光以及投影的添加，如图 10-35 所示。

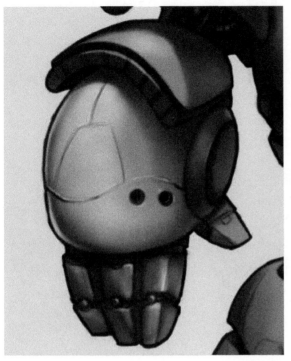

图 10-35

30 腿部的明暗细化，注意有转换面的地方都需要添加反光，并且所有的暗部都不要过于暗沉，金属材质的暗部一般都不会太暗，如图 10-36 所示。

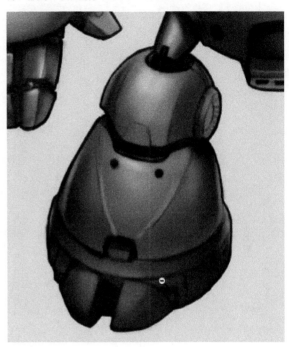

图 10-36

31 按住【Ctrl】键单击选择所有图层，全选后将选择的图层拖至"新建"处，将复制并新建所选图层。使用快捷键【Ctrl+E】将复制的新建图层合并为一个图层，将原有的图层隐藏。单击【工具箱】>【魔棒工具】或使用快捷键【W】将机械人外轮廓框选，将背景中的白色删除，如图 10-37 所示。

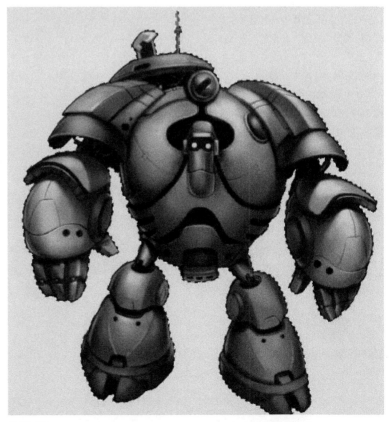

图 10-37

▶▶ 10.2.3 铁拳机械人内部细节的精细刻画

32 单击【菜单栏】>【图像】>【调整】>【曲线】或使用快捷键【Ctrl+M】打开"曲线"，对图像的明暗对比进行调节，如图 10-38 所示。

33 使用快捷键【Ctrl+J】复制并新建图层，将原图层隐藏。单击【工具栏】>【减淡工具】或使用快捷键 O 打开"减淡工具"，将机械人要体现出圆球体的部位提亮，突出圆球的体积感，如图 10-39 所示。最后使用快捷键【Ctrl+E】合并图层。

34 使用快捷键【Ctrl+J】复制并新建图层，将原图层隐藏。单击【菜单栏】>【图像】>【调整】>【色相/饱和度】或使用快捷键【Ctrl+U】打开"色相/饱和度"，将"着色"勾选，给机械人整体填充一个颜色，如图 10-40 所示。

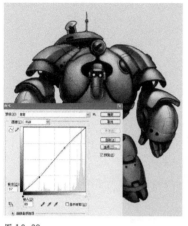

图 10-38

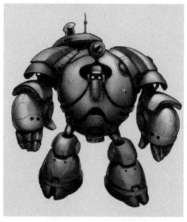

图 10-39

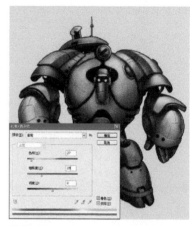

图 10-40

35 单击"新建"建立一个空白图层，按住【Alt】键单击新图层和原图层的中间即可建立剪切蒙版。单击拾色器，选择一个冷色调，填在图像上后，对图层的混合属性进行调试，针对能体现黑白关系、颜色变化、不覆盖线稿的要求，最终选定图层混合模式为"强光"，如图 10-41 所示。

36 单击【菜单栏】>【图像】>【调整】>【色相/饱和度】或使用快捷键【Ctrl+U】打开"色相/饱和度"，调节数值来改变上一步骤中所填充的颜色，如图 10-42 所示。

37 单击【菜单栏】>【图像】>【调整】>【色彩平衡】或使用快捷键【Ctrl+B】打开"色彩平衡"，对"阴影"、"中间调"、"高光"分别进行调节，如图 10-43 所示。

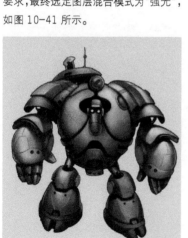

图 10-41

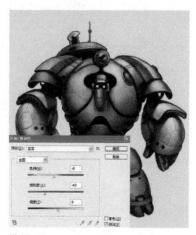

图 10-42

图 10-43

38 单击"新建"建立一个空白图层，将图层混合模式选为"柔光"。按住【Alt】键单击此图层和原图层的中间建立剪切蒙版。单击拾色器，选择一个暖色，用喷笔均匀涂抹在图像的亮部，并降低此图层的不透明度。单击【菜单栏】>【图像】>【调整】>【色彩平衡】或使用快捷键打开"色彩平衡"，对"阴影"、"中间调"、"高光"分别进行数值调节，如图 10-44 所示。

39 单击"新建"建立一个空白图层，将图层混合模式选为"柔光"。按住【Alt】键单击此图层和原图层的中间建立剪切蒙版。单击拾色器，选择一个冷色，用喷笔均匀涂抹在图像的暗部反光处。单击【菜单栏】>【图像】>【调整】>【色相/饱和度】或使用快捷键【Ctrl+U】打开"色相/饱和度"调节饱和度和明度，如图 10-45 所示。

40 单击【菜单栏】>【图像】>【调整】>【色彩平衡】或使用快捷键【Ctrl+B】打开"色彩平衡"，对"中间调"进行调节，并适当降低图层的不透明度，如图 10-46 所示。

图 10-44

图 10-45

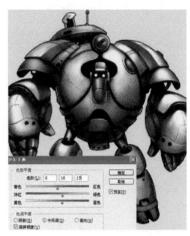

图 10-46

41 选择背景图层，取消该图层的隐藏选项，此时我们可以看到，对于一个机械来说，背景色调有些过亮，显得刺眼，因此我们给它添加一个渐变的颜色作为背景。单击【工具栏】>【渐变工具】或使用快捷键【G】打开渐变工具，进入选项，选择一个冷色，从图像的正上方垂直向下拉渐变线，如图 10-47 所示。

42 单击选择机械人的整体图层，单击【菜单栏】>【魔棒工具】或使用快捷键【W】打开魔棒工具，单击画面框选机械人外轮廓。按住【Ctrl】键，单击"新建"建立一个空白图层，给图层填充一个颜色，使用快捷键【Ctrl+T】进行变形作为机械人的影子，如图 10-48 所示。

43 单击【菜单栏】>【图像】>【调整】>【色相/饱和度】或使用快捷键【Ctrl+U】打开"色相/饱和度"，调节机械人影子的颜色，使其与整体颜色协调，如图 10-49 所示。

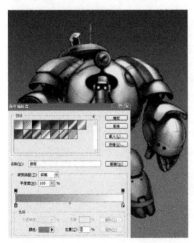

图 10-47

图 10-48

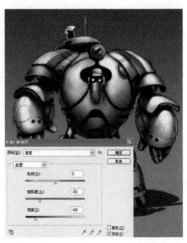

图 10-49

44 单击"新建"建立一个空白图层，将图层的混合模式选为"正片叠底"。按住【Alt】键在影子图层和此空白图层的中间单击建立剪切蒙版，使用简便工具或喷笔，将影子的明暗表现出来，如图 10-50 所示。

图 10-50

10.3 滑翔翼机械人的绘制流程

接着，我们再来看另一个人型机械的实例。在此演示中的机械人，同样的，具有人体形态特征的手脚，站立行走，而手脚的造型却可根据自己的喜好去设计出造型独特的部件。

此人型机械的绘制总结归纳起来可以分为五个阶段：最初线稿的绘制、最终线稿的绘制、上色、明暗的表达、整体细化。

◆**第一阶段：最初线稿的绘制**

　　绘制步骤：首先新建一块空白画布，使用快捷键〕放大画笔，将脑中对机械人的大概形体设计画出，内部的细节设计可以先忽略，能够画出大形轮廓即可，如图10-51所示。

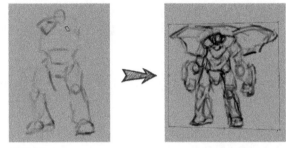

图 10-51

◆**第二阶段：最终线稿的绘制**

　　绘制步骤：外轮廓确定后，【Ctrl++】放大画布，缩小画笔，将最初线稿的不透明度调低，使线稿呈现半透明状态。在草稿图的基础上将准确的形体和设计描绘出来，在画的过程中注意机械厚度的表现。线稿的描绘可以一次完成也可以分为两次，如图10-52所示。

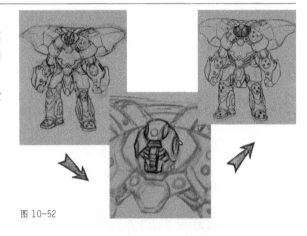

图 10-52

◆**第三阶段：上色**

　　绘制步骤：打开"色相/饱和度"工具，勾选"着色"给线稿整体填充一个颜色，此颜色作为机械人的基础色，之后还可以根据需要使用各种调色工具进行调整。之后，利用渐变工具给机械人添加一个投影，如图10-53所示。

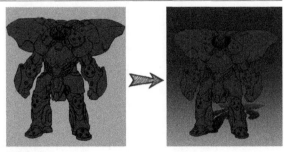

图 10-53

◆第四阶段：明暗的表现

　　绘制步骤：在此步骤的绘制中，可以通过建立色稿图层的剪切蒙版，使得在绘制明暗的时候，无论怎么画都不会超出色稿的范围。之后确立光源，先将亮部画出。另外新建一个空白图层，依然建立剪切蒙版，并将此图层的混合模式选为"正片叠底"，用于绘制暗部，如图10-54所示。

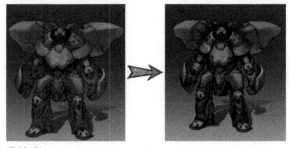

图10-54

◆第五阶段：整体细化

　　绘制步骤：新建一个调整图层，创建剪切蒙版，使调整图层只针对颜色进行调节，使用"色彩平衡"对图像颜色整体调节。将机械人部分位置填充上颜色，填充完后可应用各种调色工具进行调整，以达到满意的效果。新建一个混合模式为"滤色"的图层，建立剪切蒙版，用画笔将机械人的高光部分画出，注意金属的边缘都是比较亮的，需要特别表现出来。将暗部亮部再稍作处理和加强，此机械人画作即可完成，如图10-55所示。

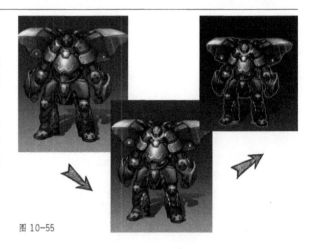

图10-55

10.4 滑翔翼机械人的设计演示

　　接下来，我们再分析一个人型机械的实例演示来巩固学习，加深人型机械的设计要点和材质的表现技巧。

▶▶ 10.4.1 滑翔翼机械人造型设计与线稿的绘制

01 首先，单击【菜单栏】>【文件】>【新建】或使用快捷键【Ctrl+N】创建一个画布，画布的预设等选项可以按自己需求来设定，设置完后如果觉得长了或者宽了，可以使用【工具箱】>【裁剪工具】或快捷键【C】打开裁剪工具，将画布裁剪成需要的大小。单击【菜单栏】>【图像】>【调整】>【色相/饱和度】或使用快捷键【Ctrl+U】打开"色相/饱和度"调节明度，将画布调整为灰色，如图10-56所示。

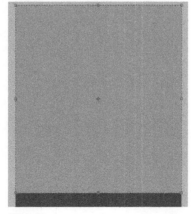

图10-56

02 单击"新建"建立一个空白图层。使用快捷键【]】放大画笔，将脑中对机械人的大概形体设计画出，不需要很详细，先画出大形轮廓即可，如图 10-57 所示。

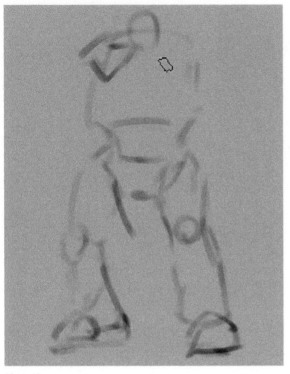

图 10-57

03 继续绘制草稿图，将手脚、身体以及其他部件画完整后，可以对其形体进行调整。单击【工具箱】>【矩形选框工具】或使用快捷键【M】打开矩形选框工具，将图像框选，右击选择"变形"，或使用快捷键【Ctrl+T】变形，如图 10-58 所示。

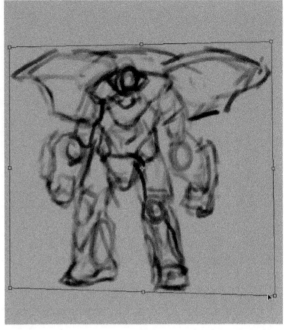

图 10-58

04 外轮廓确定后，【Ctrl++】放大画布，缩小画笔，在草稿图的基础上将准确的形体和设计描绘出来，可以添加中轴线对其形体进行定位，增加透视的准确性，如图 10-59 所示。

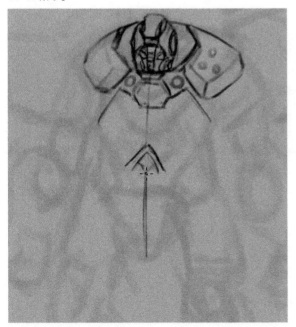

图 10-59

05 金属材质的东西，都是边缘清晰的，带有一定的厚度，在绘制的时候需要将厚度都表现出来，如图 10-60 所示。

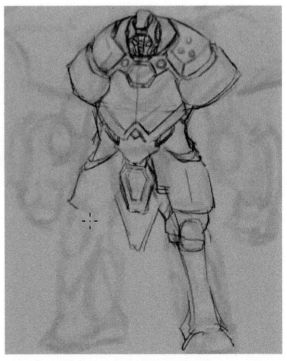

图 10-60

06 线稿的描绘可以一次完成也可以分两次，但若要一次性完成，必须保证线稿质量，达到清晰整洁的效果。第一遍线稿描绘完成后，如图 10-61 所示。

07 调节此线稿图层的不透明度，使图层呈现一个半透明状态。单击"新建"建立一个空白图层，【Ctrl++】放大画布，对其进行第二遍线稿描绘，如图 10-62 所示。

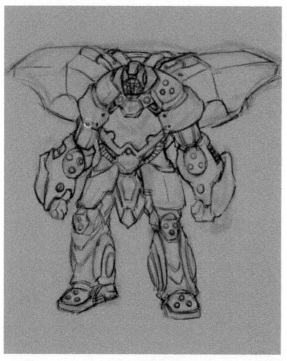

图 10-61

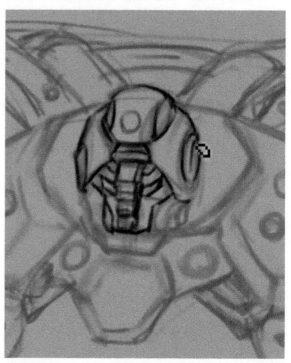

图 10-62

08 第二遍线稿将会作为最终稿保留，因此，在绘制过程中注意线条的整洁和连贯，还需要在这一过程中添加一些元素设计来丰富机械人整体，如图 10-63 所示。

09 在绘制最终线稿的过程中，将一些明显的暗部也表现出来，如凹陷的部分和镂空的部分等，如图 10-64 所示。

10 此机械人的形体站姿不是纯正面的，略微倾向侧面，因此需要注意透视的准确度，按照近大远小的原则对机械人中的元素进行定位，如图 10-65 所示。

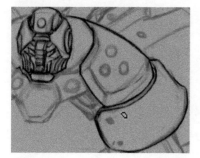

图 10-63

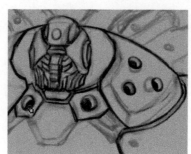

图 10-64

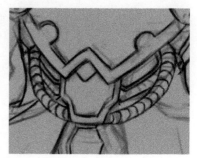

图 10-65

11 注意线条的流畅度和清晰度，并且要将金属的厚度表现出来，不能显得过于单薄，如图10-66所示。

12 线稿勾勒完成后，适当放大画笔，使线稿外轮廓更加清晰，并注意外轮廓线一定要完全封闭，方便之后的选取操作，如图10-67所示。

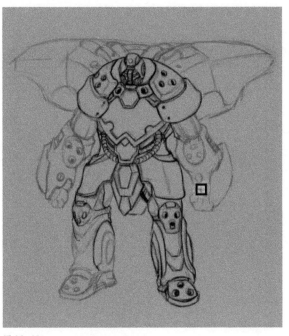

图 10-66

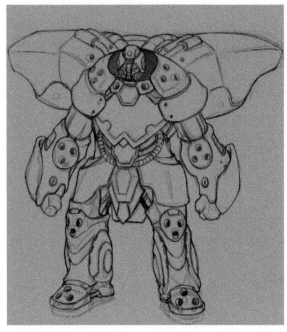

图 10-67

10.4.2 滑翔翼机械人明暗的表现

13 选中最终线稿图层，使用快捷键【Ctrl+J】复制并新建图层，单击【工具箱】>【魔棒工具】或者使用快捷键【W】打开魔棒工具，单击画面，将整个外轮廓框选，按【Delete】键将机械人之外的背景部分删除。选中背景图层，使用快捷键【Ctrl+J】复制并新建该图层，并将复制的图层拖动至线稿复制图层下方，而线稿原图层则拖动至最上方，将其与图层隐藏。选中线稿复制图层，单击【菜单栏】>【图像】>【调整】>【色相/饱和度】或使用快捷键【Ctrl+U】打开"色相/饱和度"，勾选"着色"给框选的线稿整体填充一个颜色，如图10-68所示。

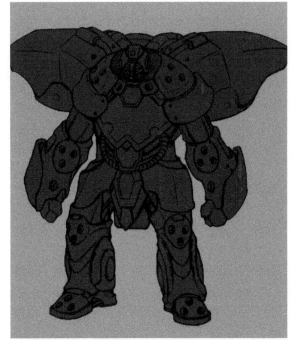

图 10-68

14 选中背景图层，给图层添加一个渐变色。单击【工具栏】>【渐变工具】或使用快捷键【G】打开渐变工具，渐变方式选择第一个▢"线性渐变"，在背景画布中由上往下拉渐变线，得到如图 10-69 所示效果。

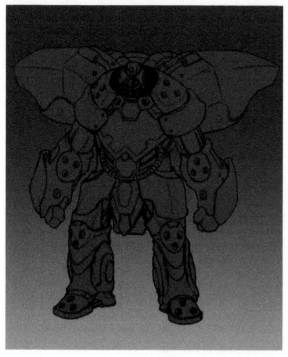

图 10-69

16 将渐变后的色稿复制图层拖动至原有色稿图层的下方，单击【工具箱】>【矩形选框工具】或使用快捷键【M】打开矩形选框工具，将整个图像框选，【Ctrl+T】打开变形工具，将渐变后的色稿进行变形，作为机械人的投影，并将该图层的混合模式选为"正片叠底"，如图 10-71 所示。

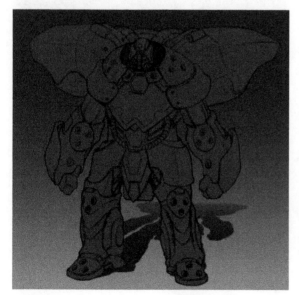

图 10-71

15 选中色稿图层，拖动此图层至"新建"处，即可复制并新建此图层。选中复制的新图层，单击【工具箱】>【渐变工具】或使用快捷键【G】打开渐变工具，单击"渐变编辑器"对渐变的颜色进行调整，给色稿添加一个渐变色，如图 10-70 所示。

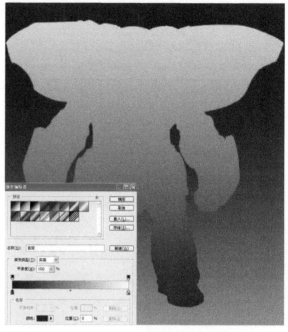

图 10-70

17 选中色稿图层，单击"新建"建立空白图层，图层将在色稿图层之上。按住【Alt】键在色稿图层和新建图层的中间单击即可建立色稿图层的剪切蒙版，这样在绘制明暗的时候，将不会超出色稿的范围。确立光源，先将亮部画出，如图 10-72 所示。

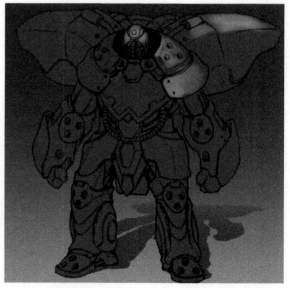

图 10-72

18 亮面的基本分布描绘出来之后，将图层的不透明度适当调低一些，如图 10-73 所示。

19 单击"新建"建立一个空白图层，按住【Alt】键在亮部图层和此新建图层之间单击建立剪切蒙版，并将此图层的混合模式选为"正片叠底"，用于绘制暗部，如图 10-74 所示。

图 10-73

图 10-74

20 在绘制暗部的时候，笔触可以跟着此部分机械的形状造型走，制造一些金属表面的线条拉伸感，如图 10-75 所示。

21 将所有投影都表示出来，结合亮面，使整个机械人变得立体，如图 10-76 所示。

图 10-75

图 10-76

22 按住【Ctrl】键，单击选中色稿图层、亮部图层、暗部图层，将三个图层全选，拖动三个图层至"新建"处，复制并新建三个图层。将三个复制的新建图层合并成为一个图层，并把原有的三个图层隐藏，如图 10-77 所示。

图 10-77

▶▶ 10.4.3 滑翔翼机械人金属材质的细化

23 右击 "创建新的填充或调整图层"，选择"色彩平衡"，将新建一个调整图层。按住【Alt】键在此调整图层和上一步骤中的合并图层的中间单击创建剪切蒙版，使调整图层只针对颜色进行调节，如图 10-78 所示。

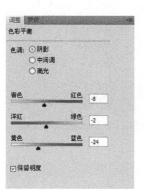

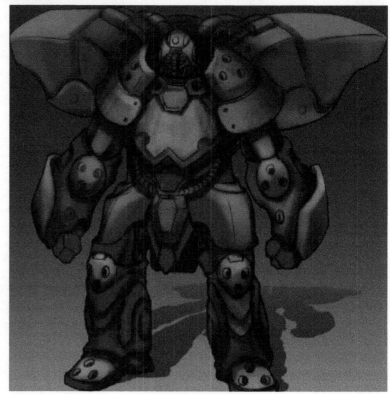

图 10-78

24 调整了颜色之后，若要进行明暗细节的修改，需要将调整图层隐藏后再进行修改，否则吸取的颜色是不准确的，如图 10-79 所示。

25 投影的大小影响着机械部件薄厚的表达，投影大，机械部件显示出的感觉就厚。投影小，机械部件显示的感觉就薄。因此投影大小直接影响着上下两层机械部件的空间关系，如图 10-80 所示。

图 10-79

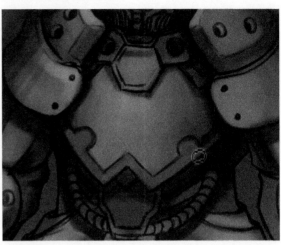

图 10-80

26 在没有框选的情况对图像进行明暗处理，笔划通常会超出轮廓范围，因此我们需要将之前隐藏的色稿图层恢复显示，并单击选中该图层，按住【Ctrl】键在图层的"图层缩览图"中单击即可将机械人的外轮廓框选，之后再将此色稿图层隐藏，选择回明暗图层继续绘制，如图 10-81 所示。

图 10-81

27 完成后，按住【Ctrl】键选中明暗图层和调整图层，同时选择两个图层，将两图层拖动至"新建"处，复制并新建两图层。【Ctrl+E】将新建的复制图层合并为一个图层，并将原先的两图层隐藏。按住【Alt】键在合并图层与隐藏的调整图层中间单击取消剪切蒙版。单击选择合并图层，单击【菜单栏】>【图像】>【调整】>【色相 / 饱和度】或使用快捷键【Ctrl+U】打开"色相 / 饱和度"，对机械人的整体颜色进行调节，如图 10-82 所示。

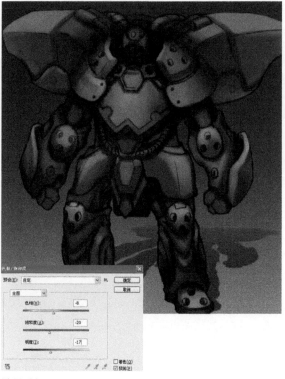

图 10-82

28 单击"新建"建立一个空白图层，将图层的混合模式选为"正片叠底"。按住【Alt】键在新建图层和原有图层的中间单击建立剪切蒙版。单击拾色器选择一个颜色，将机械人部分位置填充上颜色，填充完后可应用各种调色工具进行调整，以达到满意的效果，如图 10-83 所示。

29 将图层的混合模式改为"叠加"，颜色的各属性都发生了改变，单击【菜单栏】>【图像】>【调整】>【色相 / 饱和度】或使用快捷键【Ctrl+U】打开"色相 / 饱和度"进行调节，如图 10-84 所示。

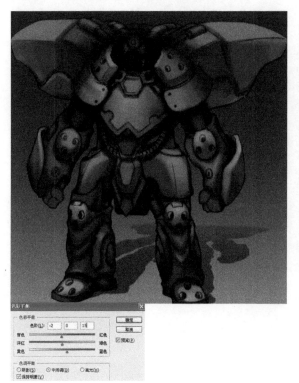

图 10-83

图 10-84

30 单击"新建"建立一个空白图层，将图层的混合模式选为"滤色"。按住【Alt】键在新建图层与原有图层的中间单击建立剪切蒙版。用画笔将机械人的高光部分画出，注意金属的边缘都是比较亮的，需要特别表现出来，如图 10-85 所示。

图 10-85

31 画出高光后，使机械人整体的立体感更强，金属质感也体现得更为逼真。按住【Ctrl】键选择此高光图层和色稿图层，将两图层拖至"新建"处，复制并新建两个新图层，使用快捷键【Ctrl+E】将新建的复制图层合并，将原来的两图层隐藏，如图 10-86 所示。

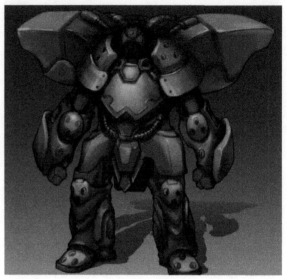

图 10-86

32 单击选中最上方的线稿图层，将其不透明度适当调低，单击"锁定"将线稿图层锁定。按住【Alt】键在合并图层与原有图层的中间单击取消剪切蒙版。单击【工具栏】>【减淡工具】或使用快捷键【O】打开减淡工具，在图像中将机械人的头部以及身体部分高光绘出，如图 10-87 所示。

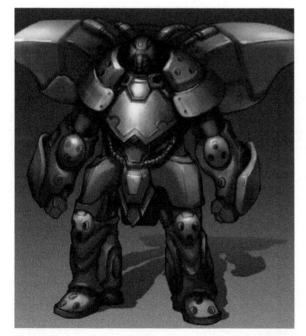

图 10-87

33 按住【Ctrl】键，单击选中线稿图层和底稿图层，将两图层拖至"新建"处，复制并新建这两个图层。使用快捷键【Ctrl+E】将新建的复制图层合并，将原先的两个图层隐藏。单击"新建"建立一个空白图层，将图层的混合模式选为"线性减淡"。按住【Alt】键在新建图层与合并图层的中间单击建立剪切蒙版。打开拾色器选择一个暖色，机械人一些部件上绘出发光的特效，如图 10-88 所示。

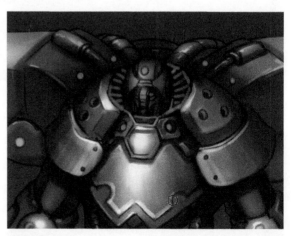

图 10-88

34 在添加光效的时候，需要注意，添加的位置是在每个部件交接边缘处，切不可添加在一个块面的中间或其他位置，如图 10-89 所示。

图 10-89

35 绘制完光效后，打开拾色器，选择比光效颜色淡一些的颜色，用画笔轻轻在机械人上绘出暗纹的感觉，如图 10-90 所示。

图 10-90

36 按住【Ctrl】键，单击选择光效图层和底稿图层，将两图层拖至 "新建" 处，复制并新建这两个图层。【Ctrl+E】将新建的复制图层合并，将原先的两图层隐藏。按住【Alt】键在合并图层和原光效图层的中间单击取消剪切蒙版。单击 "新建" 建立一个空白图层，将图层混合模式选为 "线性减淡"。打开拾色器，选择一个暖色，用画笔将头部的高光再提一遍，如图 10-91 所示。

图 10-91

37 此时，机械人的整体都有许多的发光部位，既然是发光体，必然会对周边的部位产生影响，因此，我们需要用喷笔，将发光部位的亮光晕散开，如图 10-92 所示。

图 10-92

38 单击【工具箱】>【减淡工具】或使用快捷键【0】打开减淡工具，因为头部是整体中最亮的部位，使用减淡工具将头部再次提亮，胸甲部位也是高亮的地方，使用减淡工具绘出高光，如图 10-93 所示。

图 10-93

39 鼠标右键单击 ✐ "创建新的填充或调整图层"，选择"曲线"，建立一个调整图层，对图像整体进行调节，如图 10-94 所示。

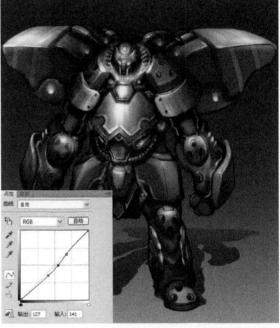

图 10-94

40 鼠标右键单击 ✐ "创建新的填充或调整图层"，选择"曲线"，建立一个调整图层，对图像进行第二次调整，如图 10-95 所示。

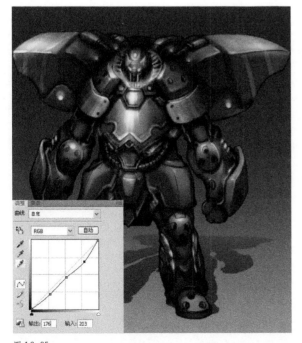

图 10-95

41 鼠标右键单击 ✐ "创建新的填充或调整图层"，选择"色彩平衡"，建立一个调整图层，对图像进行色彩调节，如图 10-96 所示。

图 10-96

42 接下来，需要给机械人添加字母作为装饰。单击【工具栏】>【文字工具】或使用快捷键【T】打开文字工具。在图像中单击将会产生一个文字的独立图层，选好字体后写出想要的字母，将图层混合模式选为"强光"。使用快捷键【Ctrl+T】对字母进行变形，一切调整完毕后，选中字母图层，右击选择"栅格化图层"，如图 10-97 所示。

图 10-97

43 单击"新建"建立一个空白图层，利用一些带有效果的笔刷对字母进行处理，使其融入感更强，效果更为逼真，如图 10-98 所示。

44 单击【工具栏】>【文字工具】或使用快捷键【T】打开文字工具。在图像中单击写上数字，单击【工具栏】>【自定形状工具】或使用快捷键【U】打开自定形状工具，在"形状"处选择圆圈，将数字圈起来。把图层混合模式选为"差值"，并适当调低图层的不透明度，如图 10-99 所示。

图 10-98

图 10-99

45 选择背景图层，单击【菜单栏】>【图像】>【调整】>【色相/饱和度】或使用快捷键【Ctrl+U】打开"色相/饱和度"，调节背景的明度，使背景颜色变暗，如图 10-100 所示。

46 接下来需要给机械人整体添加一个材质图层。单击【菜单栏】>【文件】>【打开】或使用快捷键【Ctrl+O】打开文件，选择一个事先准备好的素材图片，将其剪切成适当大小，如图 10-101 所示。

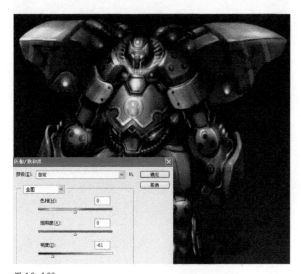

图 10-100

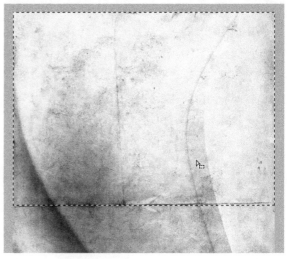

图 10-101

47 按住【Ctrl】键依次单击选中所有可见图层，全选后将所有图层拖至"新建"处，将复制并新建所选图层。【Ctrl+E】将复制的新建图层合并，并将原先的图层全部隐藏。选择素材画布，按住【Ctrl】键将素材拖动至机械人的画布中，按住【Alt】键在素材图层与机械人图层的中间单击建立剪切蒙版，如图 10-102 所示。

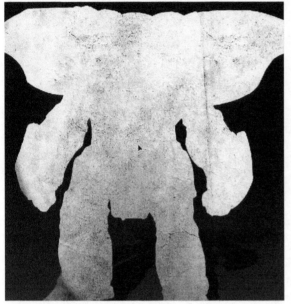

图 10-102

48 将素材图层的混合模式选为"正片叠底"，并且将该图层的不透明度调低，如图 10-103 所示。

图 10-103

49 单击【工具栏】>【橡皮擦工具】或使用快捷键【E】打开橡皮擦工具，将机械人中不需要材质明显的部位减弱质感，如图 10-104 所示。

图 10-104

50 按住【Ctrl】键在底稿上单击即可将机械人的外轮廓框选出。单击"新建"建立一个空白图层，单击【菜单栏】>【编辑】>【描边】，单击"颜色"选取一个浅色，并对"位置"和"宽度"分别进行设置，如图 10-105 所示。

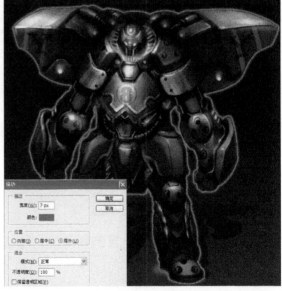

图 10-105

51 选择底稿，单击【菜单栏】>【滤镜】>【锐化】>【锐化】，连续操作几次，将机械人整体锐化。最终完成稿可以有上图的外轮廓描边，也可以无描边，随自己喜好而定。最终完成稿如图 10-106 所示。

图 10-106

10.5 本章小结

　　在这一章中，我们学习了人型机械的设计及绘制。所谓人型机械，是造型和形体类似于人类，并不一定要求严格遵守人体比例来绘制，但形体上一定要有人类的特质，如有两只手和两条腿等。其次在材质的表现上需要用心绘制，突出机械材质的各种特性。

第5篇　卡通插画篇

第11章

丛林小吉他手——卡通插画设计演示（一）

在以上几章中，我们学习了CG插画的概念，以及美术的基础知识，也对人体结构进行了系统了解，一起分析了一些作品的绘制演示。接下来，我们将继续学习插画的另一个分类——卡通插画的设计。

卡通随着时尚风潮不断发展和变化，同时在某些方面还引领时尚、创造流行。新概念卡通艺术不仅仅是科学与艺术、思想与技术、个性与共性的综合，还在方方面面反映着最新资讯、思想、时尚。计算机技术、网络技术、大国际化趋势、卡通成人化趋势、新读图时代这些新事物无不影响着卡通艺术的发展。现代的新概念的卡通造型不仅带来视觉上的刺激、享受，也引发出其他各种新鲜的想象，激发观众的思想。

卡通插画，不同于CG插画般有着写实的特性，卡通插画通常由Q版的人物和背景组成，用色饱和度一般较高，整体画面鲜艳明亮。在如今卡通和动漫成为国际化潮流的时代，卡通插画也作为一种商业化宣传手段，越来越多地展现在世人眼前，网络游戏《QQ音速》的宣传海报，如图11-1所示，就属于CG插画的范畴。

图 11-1

11.1 丛林小吉他手绘制流程

此幅丛林小吉他手的绘制过程概括起来可以分为四个阶段：起稿、整体环境色彩的确立、设计并细化、背景的虚化与前景的提高。此幅作品的起稿比较简略，没有线稿的描绘，直接用色块大致设定好位置以及气氛，整个绘制过程也采取边设计边细化的方式，并保持整体细化程度一致。

◆第一阶段：起稿

　　绘制步骤：首先需要创建一块新画布，根据需要，调整画布大小或者横竖，由于这幅画作开始就设定为一幅横向作品，因此，单击【菜单栏】>【图像】>【图像旋转】>【顺时针旋转】，将画布调整成为横向。打开画笔预设，选择一个没有压杆的尖角画笔，大致绘出整幅画作中各物体的位置、大小比例、造型外轮廓等信息。将画笔的模式改为"正片叠底"，打开拾色器，选择灰色，在画布中将森林的树木等背景粗略表示出来，如图11-2所示。

图 11-2

◆第二阶段：整体环境色彩的确立

　　绘制步骤：单击【菜单栏】>【图像】>【调整】>【色相/饱和度】或使用快捷键【Ctrl+U】打开"色相/饱和度"，调节各项数值，使整个画面改变颜色，整体的环境气氛营造完后，就可以开始局部填色。在填色过程中，可以使用各种调色工具进行色彩调节，如图11-3所示。

图 11-3

◆第三阶段：设计并细化

　　绘制步骤：按住【Alt】键，将画笔转换成吸管工具，一边画一边吸取周围的颜色，将背景中的树木、花草等轮廓区分开，使造型外轮廓渐渐清晰，并对主角小猪进行五官、明暗和毛绒质感以及装饰物的细化。给图中空余位置添加设计，并同时将其细化。确定好光源，面向光源处的部分都要打上高光。按住【Shift】键，向下画线，便可以画出垂直向下的线条。按住【Ctrl+Alt】，鼠标左键拖动线条，可将竖线复制至新建图层，重复此操作，将得到四根一样的竖线作为琴弦。此时，全图的设计差不多完成了，可以对部分物体与背景再进行更为细致的明暗细化，如图11-4所示。

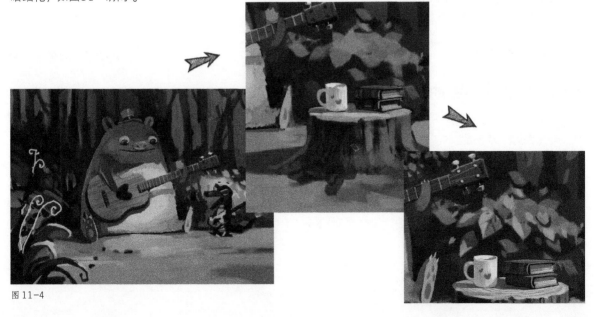

图 11-4

◆ 第四阶段：背景的虚化与前景的提亮

绘制步骤：一幅画需要有主次之分，才能突出主题，因此画作的尾声部分，需要将背景虚化或略微模糊化处理，突出画面靠前部分。单击"添加矢量蒙版"给该图层添加一个白底蒙版，打开画笔工具，使用黑色，将小猪整个身子、木桩以及靠前的植物都涂抹一遍以突出靠前部位。按住【Alt】键单击蒙版，将没有涂抹完全的镂空部分补全。合并图层后，将画笔的模式改为"颜色减淡"，用喷笔将小猪的鼻子、眼睛、额头部位以及吉他头部的金属部件打上高光。使用套索工具，将小猪身子、木桩、花丛的大部分框选出，进行智能锐化，之后将画笔模式改为"颜色减淡"，强调一下高光，如图11-5所示。

图 11-5

11.2 丛林小吉他手的设计演示

接下来演示的这幅卡通插画，是以森林为背景的人物插画，注意画面主角与背景事物的主次轻重之分，合理安排画面中各物体的位置，在插画中构图十分重要。

▶▶ 11.2.1 丛林小吉他手的整体布景与设计

01 要绘制一幅作品，首当其冲是要创建一块合适大小的画布。单击【菜单栏】>【文件】>【新建】或使用快捷键【Ctrl+N】打开"新建"，创建一块新的空白画布，如图11-6所示。

图 11-6

02 创建完成后，可根据需要，调整画布大小或者横竖，由于这幅画作开始就设定为一幅横向作品，因此，单击【菜单栏】>【图像】>【图像旋转】>【顺时针旋转】，将画布调整成为横向，如图11-7所示。

图 11-7

03 打开画笔预设，先选择一个没有压杆的尖角画笔，用于设计初期，大致绘出整幅画作中各物体的位置、大小比例、造型外轮廓等信息。这幅画作设计构想是森林里的一只弹吉他的小猪，因此在这一步骤中，先将小猪的外轮廓以及周边的背景大概表示出来，如图 11-8 所示。

图 11-8

04 将画笔的模式改为"正片叠底"，打开拾色器，选择灰色，在画布中将森林的树木等背景粗略表示出位置和造型，如图 11-9 所示。

图 11-9

05 使用快捷键【Ctrl+J】复制并新建一个图层，单击【菜单栏】>【图像】>【调整】>【色相/饱和度】或使用快捷键【Ctrl+U】打开"色相/饱和度"，调节各项数值，使整个画面的色相、饱和度、明度都发生改变，直到达到满意效果，单击"确定"完成，如图 11-10 所示。

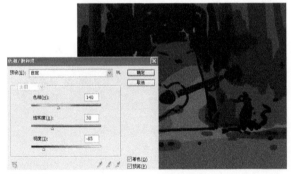

图 11-10

06 整体的环境气氛营造完后，就可以开始局部填色了。打开拾色器，选择适当的颜色，涂抹在小猪身上，将画笔模式改为"柔光"，分别涂抹在吉他和背景中，如图 11-11 所示。

图 11-11

07 使用快捷键【Ctrl+J】再次复制并新建一个图层，用画笔将画面中主角的轮廓表现清晰些，将画笔模式改为"叠加"，给其添加一些光影效果。再将画笔模式改为"正常"，将画面中一些装饰物，例如植物以及旁边的小动物的轮廓也勾勒清晰，如图 11-12 所示。

图 11-12

08 使用快捷键【Ctrl++】放大画面，将焦点集中在小猪上，将起眼睛、鼻子、耳朵等部分补充完整，并给内部添加大致的明暗、反光。使用快捷键【Ctrl+J】复制并新建一个图层，单击【菜单栏】>【图像】>【调整】>【曲线】或使用快捷键【Ctrl+M】打开"曲线"，调整整个画面的明暗效果如图 11-13 所示。

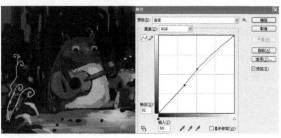

图 11-13

10 按住【Alt】键，将画笔转换成吸管工具，一边画一边吸取周围的颜色，将背景中的树木、花草等轮廓区分开，使造型外轮廓渐渐清晰，如图 11-15 所示。

图 11-15

09 单击【菜单栏】>【图像】>【调整】>【色彩平衡】或使用快捷键【Ctrl+B】打开"色彩平衡"，分别对"阴影"、"中间调"、"高光"进行数值调节直至达到满意效果，如图 11-14 所示。

图 11-14

11 将旁边的小蜥蜴内部五官表情绘出，并画上乐器。使用快捷键【Ctrl+J】复制并新建一个图层，【Ctrl++】放大画布，将焦点集中在小猪手中的吉他上，将其内部构造细化，注意表现出厚度，以及在小猪身上造成的投影。绘制过程中左右翻转，以审视结构与位置的准确性，如图 11-16 所示。

图 11-16

▶▶ 11.2.2 丛林小吉他手的细化过程

12 使用快捷键【Ctrl++】放大画布，将焦点集中在小猪的脸部，对其面部五官进行细化。画眼睛的时候，注意其结构，从外到里分别是眼白、眼球、瞳孔，整个眼内的明暗以及眼球的高光都需要表现出。单击【工具箱】>【减淡工具】或使用快捷【O】打开减淡工具，在眼球内轻轻涂抹，添加适当的高光，如图 11-17 所示。

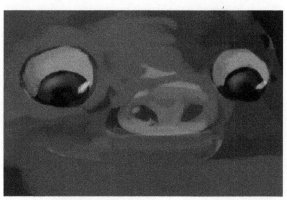

图 11-17

13 打开画笔预设，选择一个不平滑的画笔，在小猪身上密集地纵向涂抹，打造毛绒效果，如图 11-18 所示。

图 11-18

14 给小猪添加一些装饰元素。使用快捷键【Ctrl++】放大画布，将焦点集中在头部，给其设计一个小礼帽。拖动画布，使焦点移动至吉他上，打开拾色器，选取与吉他同色系明度较低的颜色，给吉他绘上木纹，如图 11-19 所示。

图 11-19

15 在作画过程中，需保持各部分的绘制进度平衡，即背景与人事物交替绘制，保持差不多的完成程度，避免发生人事物已接近完成，背景却还是初稿的情况。将小猪在地上的投影画出，地面的色彩渐变以及背后的森林也稍微刻画完整，如图 11-20 所示。

图 11-20

16 用不平滑的画笔，将小猪身体部分的黑白灰三大面用纵向的笔触画出，形成毛绒感。单击【工具箱】>【套索工具】或使用快捷键【L】打开套索工具，将旁边的小蜥蜴框选出，单击【菜单栏】>【图像】>【调整】>【色相/饱和度】或使用快捷键【Ctrl+U】打开"色相/饱和度"，对各选项进行数值调节，达到满意效果后单击确定，使用快捷键【Ctrl+J】将小蜥蜴复制至新建图层中，如图 11-21 所示。

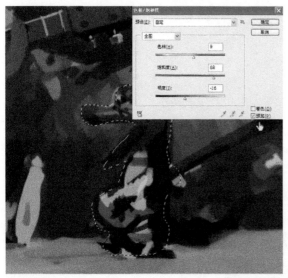

图 11-21

18 将画笔模式改为"正片叠底"，在树桩上将树的纹路以及暗部表现出来。再将画笔模式改为"正常"，打开拾色器选择一个合适的绿色作为草地的颜色在地面上绘出，如图 11-23 所示。

图 11-23

17 选择复制的新图层，按住【Ctrl】键拖动小蜥蜴摆放，反复移动后发现其位置和造型与整个画面并不协调，因此，按退格键删除此复制的新建图层，并将原图层上的小蜥蜴用背景色覆盖。在空出的右下角，重新绘制一个符合环境气氛与合理度的装饰元素，如图 11-22 所示。

图 11-22

19 使用快捷【Ctrl++】放大图像，将焦点集中在小猪头上的礼帽，单击【工具箱】>【套索工具】或使用快捷键【L】打开套索工具，将礼帽框选出，单击【工具箱】>【画笔工具】或使用快捷键【B】打开画笔工具，将画笔模式改为"叠加"，覆盖上红色。将画笔模式改为"正片叠底"，给其添加暗部，再将模式改为"正常"吸取一个亮色作为反光，之后将画笔模式改为"颜色减淡"，绘出高光。按住【Alt】键将画笔转换成吸管工具，吸取暗部颜色，与高光结合，将帽子的褶皱感表达出来，如图 11-24 所示。

图 11-24

20 打开画笔预设，选择喷笔，并将画笔模式调整为"叠加"，确定好光源，将画面中面对光源的部位，按住【Alt】键转换为吸管工具，吸取其本来颜色，再用喷笔叠加一层，使其拥有高光效果，如图 11-25 所示。

21 使用快捷键【Ctrl++】放大画布，将焦点集中在木桩上的书本。运用黑白灰三大面的关系，将书本纸张的层叠感以及投影绘出，注意区分书本的亮面与暗面，如图 11-26 所示。

图 11-25

图 11-26

22 接下来，对木桩上的杯子进行细致描绘。绘制的时候最主要的是将杯子的轮廓平整地勾勒出，按住【Shift】键再使用画笔，画出的直线都是水平线，画的竖线都是垂直线，保证其平整程度。将杯子整体当作圆柱体，画出其黑白灰面。将小猪的脚部细节绘出，如图 11-27 所示。

23 按住空格键，拖动画布，将焦点移动至小猪身上的明暗块面。将毛绒感细化，接近地面部分，由于地面色彩的渲染，使得绒毛也略带地面的颜色，因此吸取地面的绿色，将贴近地面的绒毛轻轻涂抹，使其染上少许绿色，如图 11-28 所示。

图 11-27

图 11-28

24 按住空格键，拖动画布，将焦点集中在小猪的蝴蝶结上，细化出暗部、亮部与高光，以及不能忽略的蝴蝶结在小猪身上造成的投影，如图 11-29 所示。

图 11-29

25 再次对小猪的毛发进行细化。将
肚皮与身体的异色毛发衔接处处
理平整，并给其添加上淡黄色，使其从
上到下有个颜色的渐变，丰富色彩感。
吉他也使用同色系的不同颜色，避开木
纹涂抹一遍，再将画笔模式改为"叠加"，
打击【工具箱】>【套索工具】或使用
快捷键【L】打开套索工具，将吉他框
出，用喷笔使用相同颜色在吉他上一扫
而过，添加高光，如图 11-30 所示。

图 11-30

26 将吉他在小猪身上造成的阴影的边缘，处理成有带有
锯齿的形状，表现出皮毛的毛绒感，如图 11-31 所示。

图 11-31

27 细化了整幅作品的核心部分后，为了保持平衡，接下来
该对背景部分进行同等程度的细化。将树干的轮廓更加
清晰地绘出，并在背景中添加大片的绿叶，如图 11-32 所示。

图 11-32

tips

在画绿叶的过程中，不停打开拾色器选取各种饱和度与明度不同的绿色进行绘制，切忌使用同一绿色绘制所有绿叶。

28 继续修改和细化背景。靠画面前端的面向光源的部分叶子需要给其添加高光，如图 11-33 所示。

图 11-33

30 给画面中靠前的背景添加一些装饰的花朵，绘制的时候注意角度的控制以及色彩多样性，但不要使用过度，显得杂乱，一般三种颜色即可，如图 11-35 所示。

图 11-35

29 单击【菜单栏】>【滤镜】>【液化】打开液化工具，调整好工具选项，使用"向前变形工具"对吉他的形状进行轻微调整，如图 11-34 所示。

图 11-34

31 将一片大叶子细化出叶脉并给其添加一滴露水。打开拾色器，选择一个明度不低的灰色，在叶片上以及叶尖处分别画出水珠形状，再打开拾色器，选择白色，按【[】缩小画笔，将水珠沿着边缘包裹起来，形成反光效果，并用不明显的细线将两个水珠连接起来，如图 11-36 所示。

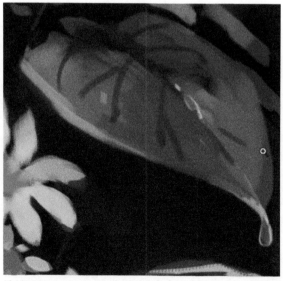

图 11-36

32 使用快捷键【Ctrl++】放大画布，将焦点集中在小猪面部，细化其鼻子及嘴部。修改鼻子的外轮廓至平整，强调明暗关系但由于底色为浅色，因此暗部颜色不要用过暗的颜色，避免使画面显得脏，如图 11-37 所示。

图 11-37

33 在两眼之间添加阴影，按【[】键缩小画笔，按住【Alt】键将画笔转换成吸管工具，吸取比小猪整体略深的颜色，在面部用细线绘出密集的毛发。将画笔的模式改为"叠加"，在毛发中添加一些高光，如图 11-38 所示。

图 11-38

34 单击"新建"建立一个空白图层。打开拾色器，选择白色，并按住【Shift】键，向下划线，便可以画出垂直向下的线条。按住【Ctrl+Alt】，鼠标左键拖动线条，即可将竖线复制并同时新建图层，使用快捷键【Ctrl+E】合并两个新建图层，此时画面中有两条一模一样的竖线。再次按住【Ctrl+Alt】键，鼠标左键拖动线条，将复制出两条竖线并同时新建图层，使用快捷键【Ctrl+E】合并图层得到下图中一模一样的四条竖线，如图 11-39 所示。

图 11-39

35 单击【工具箱】>【矩形选框工具】或使用快捷键【M】打开矩形选框工具，将竖线框选，右击选择"自由变换"或使用快捷键【Ctrl+T】打开"自由变换"。拖动右下角，使四条竖线呈现小角度的梯形，并转动竖线，使其与吉他的角度平行。对准琴弦的位置后，继续使用"自由变换"缩短线条的长度，使其适合吉他的长度，如图 11-40 所示。

图 11-40

36 单击【工具箱】>【橡皮擦工具】或使用快捷键【E】打开橡皮擦工具，将琴弦遮挡住手部和超出吉他弦槽部的部分擦去，单击【菜单栏】>【图像】>【调整】>【色相/饱和度】或使用快捷键【Ctrl+U】打开"色相/饱和度"，调整其明度至最低，使其呈现黑色。打开拾色器，选择淡黄色，用喷笔将琴弦的中间段部分刷亮，如图 11-41 所示。

图 11-41

37 按住【Ctrl+Alt】键，鼠标左键拖动四根琴弦，将复制琴弦并新建图层，将复制的琴弦拖动至琴弦的下方适当位置作为其投影，单击【菜单栏】>【编辑】>【填充】或使用快捷键【Shift+F5】打开"填充"，将投影琴弦填充为黑色。鼠标拖动投影琴弦的图层至琴弦图层的下方，并把投影图层的混合模式选为"正片叠底"，并降低其透明度，单击【菜单栏】>【滤镜】>【模糊】>【高斯模糊】，调整其数值后效果如图 11-42 所示。

图 11-42

38 使用快捷键【Ctrl++】放大画布，将琴弦槽位细化，把该有的细节装饰都画出。按住空格键拖动画布，将焦点集中在吉他的头部，画出延伸出的部分琴弦，并单击【工具箱】>【套索工具】或使用快捷键【L】打开套索工具，将整个吉他头部框选，右击选择"自由变换"或使用快捷键【Ctrl+T】打开"自由变换"，将轴心移动至底部，转动其位置，使其围绕着轴心上移一定位置，如图 11-43 所示。

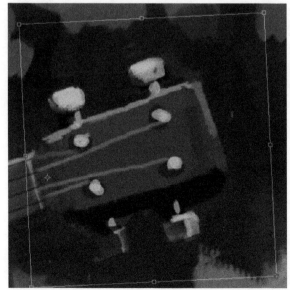

图 11-43

39 细化吉他头部的金属部件，添加高光突出立体感和金属感。单击【工具栏】>【套索工具】或使用快捷键【L】打开套索工具，将吉他头部的侧面带有金属部件的部分整个框选，往上移动至合适位置。将小猪握着吉他的手绘出亮部，如图 11-44 所示。

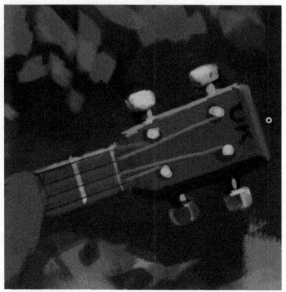

图 11-44

40 拖动画布，将焦点集中在树桩上的书本，单击【工具箱】>【矩形选框工具】或使用快捷键【M】打开矩形选框工具，将上层的书本框选，右击【工具箱】>【套索工具】，选择"多边形套索工具"，将书本的贴着轮廓勾选出，使用快捷键【Ctrl+J】复制至新建图层，按住【Ctrl】键拖动复制的书本使其移动位置，并修改下方书本的明暗。单击【工具栏】>【画笔工具】或使用快捷键【B】打开画笔工具，将画笔模式选为"正片叠底"，把木桩的年轮绘出，如图11-45所示。

图 11-45

41 按住【Alt】键将画笔转换为吸管工具，吸取地面草的颜色，在木桩上略微绘出草的形状，再吸取木桩的高光及暗部颜色，将没有表现细致的地方再描绘一遍，如图11-46所示。

图 11-46

42 按住空格键，拖动画布，将焦点集中在吉他上。按【Alt】键转换画笔为吸管工具，吸取吉他上原有的各种同色系的相近颜色，将色彩不细致的地方补全，表现出木质的材质以及木纹的精细，如图 11-47 所示。

43 将靠近光源处的叶子的高光画出，因为事先没有线稿的勾勒，因此需要用颜色的略微不同或者阴影来区别开叶子与叶子之间的不同，如图 11-48 所示。

图 11-47

图 11-48

▶▶ 11.2.3 丛林小吉他手画面的调整

44 使用快捷键【Ctrl+J】复制并新建一个图层，按住【Ctrl+Alt+2】，自动选出图中的高光，再次使用快捷键【Ctrl+J】将高光复制至新建图层中。单击【菜单栏】>【图像】>【调整】>【色彩平衡】或使用快捷键【Ctrl+B】打开"色彩平衡"，对"高光"、"中间调"、"阴影"的各项数值进行调节，如图 11-49 所示。

45 单击 ■ "添加矢量蒙版"给该图层添加一个白底蒙版，单击【工具箱】>【画笔工具】或使用快捷键【B】打开画笔工具，使用黑色，将小猪整个身子、木桩以及靠前的植物都涂抹一遍以突出靠前部位。按住【Alt】键单击蒙版，将没有涂抹完全的镂空部分补全，如图 11-50 所示。

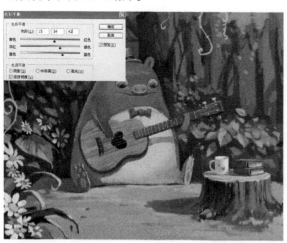

图 11-49

图 11-50

46 使用快捷键【Ctrl+E】合并两图层，将画笔的模式改为"颜色减淡"，并调低其不透明度至 20%，用喷笔将小猪的鼻子、眼睛、额头部位打上高光。将不透明度改回 90%，将吉他头部的金属部件打上高光，如图 11-51 所示。

图 11-51

47 单击【菜单栏】>【图像】>【调整】>【曲线】或使用快捷键【Ctrl+M】打开曲线，调节图像至满意效果，如图 11-52 所示。

图 11-52

48 单击【工具箱】>【套索工具】或使用快捷键【L】打开套索工具，将"羽化"一栏改为"80 px"以最大程度软化选区的边。用套索工具将小猪身子、木桩、花丛的大部分框选出，如图 11-53 所示。

图 11-53

49 单击【菜单栏】>【滤镜】>【锐化】>【智能锐化】打开"智能锐化"工具，将数值进行如图11-54所示设置，单击【确定】按钮，即可将框选出的部位锐化。

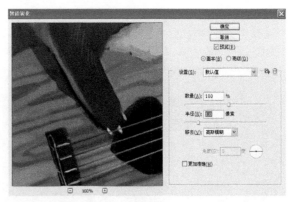

图11-54

50 单击【工具栏】>【画笔工具】或使用快捷键【B】打开画笔工具，将画笔模式改为"颜色减淡"，点出画面中靠前的绿色植物的高光，如图11-55所示。

图11-55

51 将画笔模式改为"正片叠底",打开拾色器,选择一个明度不低的灰色,用喷笔在小猪肚子下方打上有弧度的暗部,再把画笔模式改为"正常",按住【Alt】键将画笔转换为吸管工具,一边吸取暗部颜色一边继续给肚子下方画上暗部,以突显出圆滚滚的肚皮。画到这里,此幅作品就算完成了,如图 11-56 所示。

图 11-56

11.3 本章小结

本章设计并绘制的卡通插画为以森林为背景的动植物插画,画面中的主体是动物,需要着重表现,轮廓清晰用色明亮。在画面靠前的背景部分也需要精确表现出来,画面靠后的背景部分将大致的轮廓提点一下即可,画面整体要有主次之分,有轻重之别。

12

第 章

巴士走起——
卡通插画设计演示（二）

接下来，我们一起来观看第二个卡通插画演示，在演示过程中学习卡通插画的绘制技巧和一般绘制流程。

12.1 巴士走起绘制流程

　　这幅"巴士走起"的绘制过程概括起来可以分为四个阶段：起稿与黑白填色、外轮廓的修整与初步细化、上色、细化。在画情景插画的时候，一般在开头就将背景交代好，绘出大致气氛，有利于从整体深入细节。整个绘制过程也采取边设计边细化的方式，并保持整体细化程度一致。

◆第一阶段：起稿与黑白填色

　　绘制步骤：首先单击【菜单栏】>【文件】>【新建】或使用快捷键【Ctrl+N】，创建一块新的空白画布，根据需求调整画布的大小横竖，接着用大笔触给这幅作品起稿，将初步设计的造型和构图大致表现出来并将地面及背景的比例和位置绘出。使用各种调整工具对画面中的物体进行形状、动态的调节，并且给所有物体填充黑白色，便于初步标明明暗关系，如图12-1所示。

图 12-1

◆第二阶段：外轮廓的修整与初步细化

　　绘制步骤：将巴士的一些装饰细节，如后视镜、顶部的栏杆、保险杆等画出，并将车内的两个人物的形体动态简略绘出。在作画的过程中注意时刻对画面进行水平翻转，以审视构图的位置、比例的合理性以及美观性。将焦点集中在骑车的人物上。画出人物背上背包的细节，添加一些小口袋丰富背包的外轮廓。细化人物的头盔和运动服，将自行车的轮子修改平整，使其形成一个规则的椭圆形。将巴士的内部暗部加深一遍，把窗户边缘修整至平齐，并在车身添加一些初始明暗，车头部分，细化其车标及车灯等，使其外轮廓清晰并添加适当明暗，如图12-2所示。

图 12-2

◆第三阶段：上色

　　绘制步骤：单击【工具栏】>【画笔工具】或使用快捷键【B】打开画笔工具，将画笔模式选为"颜色"，打开拾色器，选择红色，将车身均匀涂抹上色。打开拾色器，选择浅蓝，用于天空的填色。依次类推，将地面和背景的植物都上好色。使用色彩调节的工具调整整个画面的明暗度和饱和度以及色彩之间的平衡等。给图层创建一个白底的蒙版，选择黑色的前景色，用画笔将图中的整个巴士以及骑车的人物涂抹一遍，将其突显在画面中，如图12-3所示。

图 12-3

◆第四阶段：细化

绘制步骤：吸取天空的暗部颜色，用喷笔在天空细化出暗部，使用快捷键【Ctrl++】放大画布，将焦点集中在巴士上，对其进行细化。将窗框涂抹上色，并添加暗部和亮部，将整个车身颜色不均匀之处涂抹均匀，并绘出明暗以及投影，将顶部物体以及其绳索均匀利用黑白灰面绘出立体感。在细化过程中，发现一些细节上的不准确之处，可以使用框选工具单独选出，并使用自由变换进行调整。将焦点移动至骑车的人物身上，将全身的衣物、装饰、背包等都绘出明暗，突起部分要画出投影，有厚度的地方要用表现出立体感，进而细化人物的面部表情，以及手部的动态、装饰等。一切都细化完毕后，可使用一些带有特殊效果的画笔，例如刮痕、烟尘、云朵、叶子等，在图中特定位置绘出这些效果，如图12-4所示。

图 12-4

12.2 巴士走起的设计演示

该案例所要演示的作品为以自然为背景的人物插画，在多个人物并存的插画中，也需要区分主次，画面靠前的人物要精细处理，背景可以适当虚化，但一定要表现出空间感。

12.2.1 巴士走起背景与人物的设计起稿

01 无论要绘制什么作品，首先都必须有一块合适的画布。单击【菜单栏】>【文件】>【新建】或使用快捷键【Ctrl+N】，创建一块新的空白画布，如图 12-5 所示。

02 创建完成后，可根据需要，调整画布大小或者横竖，由于这幅画作开始就设定为一幅横向作品，因此，单击【菜单栏】>【图像】>【图像旋转】>【顺时针旋转】，将画布调整成为横向，如图 12-6 所示。

03 打开拾色器，选择一个合适的灰色，单击【菜单栏】>【编辑】>【填充】或使用快捷键【Shift+F5】，将整块画布填充上选择的的灰色，如图 12-7 所示。

图 12-5

图 12-6

图 12-7

04 打开画笔预设，选择一个画笔，用大笔触给这幅作品起稿，将初步设计的造型和构图大致表现出来。设计初期需要着重注意的是构图的合理性，以及在画布有限的空间内如何按大小比例安排各部分，如图 12-8 所示。

05 在初步设计的过程中，若起始创建的画布大小不合适，可通过修改加大画布的宽度或长度。单击【工具箱】>【裁剪工具】或使用快捷键【C】打开裁剪工具，将整个画布框选后，单击左键拖动左边的裁剪框，将其长度拉长，双击左键将整个画布连同拉长的长度一起剪切出。剪切后的加长部分是透明的没有颜色，因此需要单击【工具箱】>【油漆桶工具】或使用快捷键【G】打开油漆桶工具，按住【Alt】键，转换为吸管工具，吸取背景色后，放开【Alt】键转换回油漆桶工具，在透明部分单击一下，使其填充上背景色，如图 12-9 所示。

图 12-8

图 12-9

06 在画布前方空白处添加人物及动作设计，先用大笔触粗略地表示。打开画笔预设，选择喷笔，按【]】键放大画笔，将地面及背景大致绘出，用白色表示天空的位置，如图 12-10 所示。

07 造型和位置都大致确定好后，可以对部分形体进行适当微调以达到满意效果。单击【工具箱】>【套索工具】或使用快捷键【L】打开套索工具，将巴士框选出，右击选择"自由变换"或使用快捷键【Ctrl+T】打开"自由变换"，右击选择"变形"，拖动各个点的位置，调节其形状，如图 12-11 所示。

图 12-10

图 12-11

08 继续使用套索工具，将画布右上角以小块面的形式圈出，按住【Shift】键可持续添加，作为背景的树叶。圈出部分后，打开拾色器，将前景色选为黑色，单击【菜单栏】>【编辑】>【填充】或使用快捷键【Alt+退格键】直接填充上前景色，如图12-12所示。

09 打开拾色器，调整前景色为深灰，将上一步骤中的树叶重新填充上颜色。继续使用套索工具。在画布的右下角，用套索工具圈出植物的形状，单击【菜单栏】>【编辑】>【填充】或使用快捷键【Alt+退格键】填充前景色。之后用套索工具在背景中圈出云朵的形状，将前景色替换为变色，【Alt+退格键】填充完整，如图12-13所示。

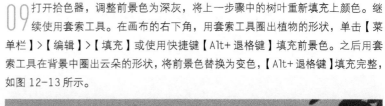

图 12-12

图 12-13

10 还是继续使用套索工具进行局部框选。将画面前端的骑车的小人框出，使用快捷键【Ctrl+J】将框出部分复制产生一个新图层，右击选择"自由变换"，或使用快捷键【Ctrl+T】打开"自由变换"，调整小人的位置及整体比例至满意效果，如图12-14所示。

11 将复制之前的骑车小人没有被覆盖的部分，用画笔配合背景颜色覆盖完整，按住【Ctrl】键，将图层全部选取，使用快捷键【Ctrl+E】将其合并。单击"新建"建立一个空白图层，单击【工具箱】>【套索工具】或使用快捷键【L】打开套索工具，在小人与巴士之间，圈出一座小山的形状，并填充上前景色，单击【工具箱】>【橡皮擦工具】或使用快捷键【E】打开橡皮擦工具，将遮挡住小人与巴士的部分擦去，留下山顶的部分作为背景的一部分，如图12-15所示。

图 12-14

图 12-15

▶▶ 12.2.2 巴士走起外轮廓的修整及明暗表达

12 将画笔的模式改为"正片叠底"，把巴士的暗部先粗略地表示出来，再将画笔模式改为"正常"，使用明度较高的颜色表示亮部和高光，在巴士上绘出，如图 12-16 所示。

图 12-16

13 拖动画布，将焦点集中在骑车的小人身上，此时，这部分的形体还停留在初始的起稿状态，因此需要给其绘出明确的外轮廓。仍然使用大笔触，用剪影的形式表现出自行车的造型外观以及人物的造型动态，如图 12-17 所示。

14 利用暗色、亮色、中间色以及背景色，绘出巴士内部的空间感。修改车顶以显现出规则的外轮廓，修改轮子的大小，遵循近大远小的规则，将四个轮子的大小比例掌控好，如图 12-18 所示。

图 12-17

图 12-18

15 将骑车小人的外轮廓修整清晰，并画出大致的体型和动态。单击【工具箱】>【矩形选框工具】或使用快捷键【M】打开"矩形选框工具"，将骑车的小人框选，右击选择"自由变换"或使用快捷键【Ctrl+T】打开"自由变换"，右击画面选择"斜切"，并将中间的重心点移至下方，围绕此重心将骑车的小人的重心往前移，如图12-19所示。

16 将焦点转移至巴士，细化车顶的部分，画上绳索和部分高光，将巴士的一些装饰细节，如后视镜、顶部的栏杆、保险杆等画出，并将车内的两个人物的形体动态简略绘出，如图12-20所示。

图 12-20

图 12-19

17 不管绘制任何作品，在画的过程中都需要对画面进行水平翻转，以审视构图的位置、比例的合理性以及美观性。单击【工具栏】>【矩形选框工具】或使用快捷键【M】打开"矩形选框工具"，将整个画布框选，右击画面选择"自由变换"或使用快捷键【Ctrl+T】打开"自由变换"，再次右击选择"水平翻转"，翻转画布。翻转后观察发现，巴士的前后比例及动态不准确，因此，单击【工具箱】>【套索工具】或使用快捷键【L】打开套索工具，将巴士框选，【Ctrl+T】打开"自由变换"，右击选择"变形"，对巴士整体进行变形调节，如图12-21所示。

图 12-21

18 再次水平翻转画布，审视调整后的画面的准确性。单击【工具栏】>【矩形选框工具】或使用快捷键【M】打开"矩形选框工具"，将巴士框选，使用快捷键【Ctrl+J】复制所选并新建一个图层，之后再次框选巴士，右击画面选择"自由变换"或使用快捷键【Ctrl+T】打开"自由变换"，调整巴士的长度和宽度，并向上移动巴士，将其放在图中最合适的位置，如图 12-22 所示。

图 12-22

19 使用快捷键【Ctrl++】放大画布，将焦点集中在骑车的人物上。把人物背上的背包画出细节，添加一些小袋丰富背包的外轮廓。细化人物的头盔和运动服，可参考一些实物图片，将其卡通化处理。将自行车的轮子修改平整，使其形成一个规则的椭圆形，如图 12-23 所示。

图 12-23

20 按住空格键，拖动画布，将焦点集中在巴士上，对其进一步细化。将巴士的内部暗部加深一遍，把窗户边缘修整至平齐，并在车身添加一些初始明暗，如图 12-24 所示。

图 12-24

21 继续细化车身。在前视窗的底部添加两个雨刷，将车灯外轮廓修改圆润，并添加暗部和高光，使车灯显得立体有凹凸感。车前方的车标，在光源的背面给其用暗色描边作为暗部来突出立体感和厚度，如图 12-25 所示。

图 12-25

22 使用快捷键【Ctrl++】放大画布，将焦点集中在中下部的背景部分。用暗色绘出一些类似树的植物，大小不一，排列紧密。此步骤需注意不要呈直线排列并且统一大小高度，这样会显得呆板无生气，如图 12-26 所示。

图 12-26

12.2.3　巴士走起的细化过程

23 使用快捷键【Ctrl+J】复制此图层并新建一个图层，单击【工具栏】>【画笔工具】或使用快捷键【B】打开画笔工具，将画笔模式选为"颜色"，打开拾色器，选择红色，将车身均匀涂抹上色。打开拾色器，选择浅蓝，用于天空的填色。依次类推，将地面和背景的植物都上好色，如图 12-27 所示。

图 12-27

25 将画笔模式改为"颜色"，把自行车上的人物填充上颜色。再将画笔模式改为"正常"，按住【Alt】键将画笔转换为吸管工具，吸取巴士的颜色对其进行再次涂抹，达到略微降低其饱和度的效果，如图 12-29 所示。

图 12-29

27 按住【Alt】键将画笔转换为吸管模式，边吸取云朵周围的颜色一边对其进行涂抹细化。打开拾色器，选择浅蓝色，将背景中被晕染到滤色的地方，用蓝色补全。将画笔模式改为"颜色减淡"，轻轻在天空上方刷一遍，提亮其颜色。再将画笔的模式改为"正常"，吸取云朵的颜色，在天空高光的地方铺上一层云朵，如图 12-31 所示。

24 将画笔的模式改为"叠加"，按住【Alt】键将画笔转换为吸管工具，吸取天空的颜色，用叠加模式的画笔将天空的颜色涂抹变淡，吸取地面的颜色涂抹地面使其颜色变浅，并且与之前的颜色形成明暗对比，如图 12-28 所示。

图 12-28

26 按住【Alt】键将画笔转换为吸管工具，吸取地面的颜色，用其颜色将地面涂抹均匀，并绘出自行车以及上面的人物在地面造成的阴影。将画笔模式改为"颜色减淡"，在地面绘出高光，再将画笔模式改回"正常"，吸取周边颜色，使高光与地面更加融合不显得突兀，如图 12-30 所示。

图 12-30

图 12-31

28 使用快捷键【Ctrl+J】复制产生一个新图层,单击【菜单栏】>【图像】>【调整】>【曲线】或使用快捷键【Ctrl+M】打开"曲线",调节整个画面的明暗度和饱和度等,如图 12-32 所示。

29 继续使用调色工具对图像进行调节。单击【菜单栏】>【图像】>【调整】>【色彩平衡】或使用快捷键【Ctrl+B】打开"色彩平衡",鼠标选中"阴影",只对这一项进行调节,如图 12-33 所示。

图 12-32

图 12-33

30 单击■"添加图层蒙版"给图层创建一个白底的蒙版。选择黑色后,用画笔将图中的整个巴士以及骑车的小人涂抹一遍,将其突显在画面中。使用快捷键【Ctrl+E】合并图层,如图 12-34 所示。

图 12-34

31 按住【Alt】键将画笔转换为吸管工具，吸取天空的暗部颜色，用喷笔在天空细化出暗部。鼠标点选下一个图层，使用快捷键【Ctrl+J】复制产生一个新图层，使复制的新建图层在最上面的图层之下。单击【工具箱】>【橡皮擦工具】或使用快捷键【E】打开"橡皮擦工具"，将图中的下部分擦一遍，使该部分恢复清晰明亮。单击【工具箱】>【套索工具】或使用快捷键【L】打开套索工具，将巴士顶部的物体前端部分圈出，将画笔模式改为"颜色减淡"，把物体的圈出部分打上高光，如图 12-35 所示。

图 12-35

33 在细化过程中，发现一些细节上的不准确之处，可以使用自由变换进行调整。单击【工具箱】>【套索工具】或使用快捷键【L】打开"套索工具"，将靠内的后视镜圈出，使用快捷键【Ctrl+J】复制产生一个新图层，右击圈出部分选择"自有变换"或使用快捷键【Ctrl+T】打开"自由变换"，将中心轴点移至下方，围绕着中心轴点转动后视镜，使其位于正确位置。将车头部分的色彩填充完整，保险杆画出阴影部和投影以及厚度，如图 12-37 所示。

图 12-37

32 使用快捷键【Ctrl++】放大画布，将焦点集中在巴士上，对其进行细化。将窗框涂抹上色，并添加暗部和亮部，将整个车身颜色不均匀之处涂抹均匀，并绘出明暗以及投影，将顶部物体以及其绳索均利用黑白灰面绘出立体感，如图 12-36 所示。

图 12-36

34 按住空格键，拖动画布，将焦点移动至骑车的小人身上。将全身的衣物、装饰、背包等都绘出明暗，突起部分要画出投影，有厚度的地方要用表现出立体感，如图 12-38 所示。

图 12-38

35 按住空格键，拖动画布，将焦点集中在人物的上半身。细化人物的面部表情，以及手部的动态、装饰等。将两腿的形状及骑车的动态准确画出，打开拾色器，选择白色将裤子的高光点出，如图 12-39 所示。

36 将前车轮里的背景色补上，显示出轮子的镂空感，再对轮子的形状进行调整。单击【工具箱】>【套索工具】或使用快捷键【L】打开套索工具，将前轮圈出，右击选择"自由变换"或使用快捷键【Ctrl+T】打开"自由变换"对话框，拖动四角进行调整，如图 12-40 所示。

图 12-39

图 12-40

37 继续使用套索工具，将整个骑车小人框选，右击选择"自由变换"或使用快捷键【Ctrl+T】打开"自由变换"，拖动四角，对骑车小人的形体进行微调，如图 12-41 所示。

38 鼠标点选此图层下的图层，此图层为完好图层，继续使用套索工具将此图层左边的植物全部圈出，使用快捷键【Ctrl+J】复制产生新图层。将复制的新建图层拖动至最上方，使其可以覆盖下面的图层。右击复制的植物，选择"自由变换"或使用快捷键【Ctrl+T】打开"自由变换"，将植物放大，并移动至合适位置，如图 12-42 所示。

39 由于之前的调整，使背景出现镂空和歪斜，需要进行补救。单击【工具箱】>【套索工具】或使用快捷键【L】打开"套索工具"，将骑车的小人框选，使用快捷键【Ctrl+J】复制并新建图层。将除了复制的新建图层之外的所有图层都隐藏，选择新建的图层，此时背景呈透明状态。单击【工具箱】>【魔棒工具】或使用快捷键【W】打开"魔棒工具"，将一起框选出来的蓝色背景选出，按退格键删除，只留下骑车小人的部分，如图 12-43 所示。

图 12-41

图 12-42

图 12-43

40 将蓝色背景都选出并删除后，可以发现框选的不是很完整，因此还是有一些残留的背景在图层中。按住【Ctrl】键，单击"新建"将在所选图层的下方建立一个空白图层，打开拾色器，选择黑色，单击【菜单栏】>【编辑】>【填充】或使用快捷键【Alt】+退格键，将图层填充上黑色，利于观察那些位置还留有残留的背景，单击【工具箱】>【橡皮擦工具】或使用快捷键【E】打开"橡皮擦工具"，将残留的蓝色背景擦除，如图 12-44 所示。

图 12-44

41 擦完后，将黑色图层删除，将复制的新建图层的下一图层以及背景层取消隐藏，显示出全图。选择没有骑车小人的图层，单击【工具箱】>【套索工具】或使用快捷键【L】打开"套索工具"，将背景有空洞的位置框选出，单击【工具箱】>【画笔工具】或使用快捷键【B】打开"画笔工具"，按住【Alt】键转换为吸管工具，吸取天空的蓝色，将空洞处补全，如图 12-45 所示。

图 12-45

42 单击【工具箱】>【套索工具】或使用快捷键【L】打开"套索工具"，将两只轮子的下半部分圈出，使用快捷键【Ctrl+J】复制并新建图层。再次将最上方之外的图层全部隐藏，单击【工具箱】>【橡皮擦工具】或使用快捷键【E】打开"橡皮擦工具"，将自行车周围多余的颜色擦除。隐藏此图层，将下一复制新建图层取消隐藏，继续使用橡皮擦工具，将除车轮外的其他颜色全部擦除，如图 12-46 所示。

图 12-46

43 选择带有背景的图层，将其取消隐藏，单击【工具箱】>【套索工具】或使用快捷键【L】打开"套索工具"，将巴士整个圈出，使用快捷键【Ctrl+J】复制产生新图层，按住【Ctrl】键单击"新建"，在复制的新建图层之下建立一个空白图层，将前景色选为黑色，单击【菜单栏】>【编辑】>【填充】或使用快捷键【Alt】+退格键填充前景色。单击【工具箱】>【魔棒工具】或使用快捷键【W】打开"魔棒工具"，将巴士主体之外的蓝色背景部分点选出来，填充上背景色黑色，如图 12-47 所示。

图 12-47

44 将黑色的图层删除，鼠标点选带有背景的图层，使用快捷键【Ctrl+J】复制产生新图层。将此复制的新图层之外的所有图层隐藏，单击【工具箱】>【套索工具】或使用快捷键【L】打开"套索工具"，将地面框选出，与天空区别开。单击【工具箱】>【画笔工具】或使用快捷键【B】打开画笔工具，按住【Alt】键转换为吸管工具，吸取地面颜色，将地面空缺部分补全。再吸取天空的颜色，将整个天空涂上蓝色，如图 12-48 所示。

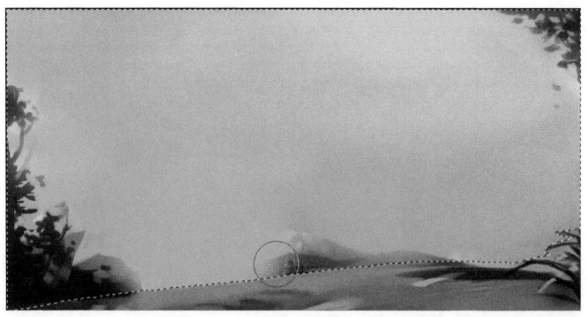

图 12-48

45 将之前隐藏的图层取消隐藏。单击【工具箱】>【套索工具】或使用快捷键【L】打开"套索工具"，将地面以及植物都框选出，使用快捷键【Ctrl+J】复制并新建图层。选中之前的整体背景的图层，将远处的山填补完全。选中最上方的骑车小人图层，使用快捷键【Ctrl+T】打开"自由变换"，对整个人物和自行车进行微调，如图 12-49 所示。

46 单击【工具箱】>【套索工具】或使用快捷键【L】打开"套索工具"，将巴士靠内的人物里外分别圈出，右键单击选择"自由变换"或使用快捷键【Ctrl+T】打开"自由变换"工具，调整其大小。打开画笔预设，选择带有刮痕和摩擦痕迹的特殊画笔，将巴士车身做旧。继续使用套索工具将车后轮圈出，右击选择"自由变换"或使用快捷键【Ctrl+T】打开"自由变换"，调整其位置，并用画笔加厚、加大，使其不会略显单薄，如图 12-50 所示。

图 12-49

图 12-50

47 单击【工具箱】>【套索工具】或使用快捷键【L】打开"套索工具"，将前轮圈出，右击选择"自由变换"或使用快捷键【Ctrl+T】打开"自由变换"，改变其位置及方向，使其带有一定动态从而不那么死板，用画笔将其厚度绘出。按住空格键拖动画布，将焦点集中在车顶的物体，将画笔模式改为"颜色"，按住【Alt】键转换为吸管工具，吸取天空的蓝灰色，将物体填充完全，如图 12-51 所示。

图 12-51

49 按住空格键拖动画布，将焦点集中在骑车的人物上。使用快捷键【Ctrl++】放大画布，将人物的面部细节绘出，鼻子用高光和阴影以及投影表现出立体感。接着再细化人物的衣服，用明暗关系表现出褶皱感，如图 12-53 所示。

图 12-53

48 按住空格键拖动画布，将焦点集中在巴士靠内的人物上。单击【工具箱】>【橡皮擦工具】或使用快捷键【E】打开"橡皮擦工具"，将人物右手擦去，设计成扶着车窗的姿势。将人物的衣服、帽子以及脸部细节绘出，添加阴影和高光来体现体积感，注意有遮盖的地方都要有投影。单击【工具箱】>【套索工具】或使用快捷键【L】打开"套索工具"，将人物的头部圈出，移动位置至合适位置并且微微改变其大小，如图 12-52 所示。

图 12-52

50 选择纯背景的图层，单击"新建"将在此图层之上建立一个空白图层，单击【工具箱】>【套索工具】或使用快捷键【L】打开"套索工具"，用其勾勒出一个云朵的形状，并填充上白色。单击【工具箱】>【橡皮擦工具】或使用快捷键【E】打开"橡皮擦工具"，将遮挡住植物的部分擦去，并降低图层不透明度。单击【工具箱】>【画笔工具】或使用快捷键【B】打开"画笔工具"，打开画笔预设，选择云朵形状的特殊画笔，在图中适当位置绘出。合并图层，如图 12-54 所示。

图 12-54

51 打开画笔预设，选择叶子形状的特殊画笔，按住【Alt】键将画笔转换为吸管工具，吸取地面植物的颜色，在上面用画笔绘出叶子，使用明度不同饱和度不同的绿色绘制，能使整体变得有层次感。单击"新建"按钮建立一个空白图层，打开画笔预设，选择地面纹路的特殊画笔，按住【Alt】键将画笔转换为吸管工具，吸取地面颜色，用画笔细化出地面。使用快捷键【Ctrl+T】打开"自由变换"，将地面纹路拉伸并移动，直到变形成合适的样子。之后将此图层的混合模式改为"颜色减淡"，如图 12-55 所示。

52 使用快捷键【Ctrl++】放大画布，将焦点集中在巴士外侧的人物的面部。将其面部的明暗绘出，用明暗关系和阴影表现出面部的立体感。按住空格键，拖动画布，把焦点转移至地面的植物上，打开画笔预设，选择叶子形状的特殊画笔，将较空处填补完全，打开画笔预设，选择喷笔，把画笔模式改为"叠加"，将植物整体的高光打出，如图 12-56 所示。

图 12-55

图 12-56

53 将画笔模式改为"正常"，打开画笔预设，选择带有小颗粒感的特殊画笔来营造尘粒感。按住【Alt】键将画笔转换为吸管工具，吸取地面的颜色，用特殊画笔在自行车后以及巴士后绘出尘粒。再打开画笔预设，选择雾气效果的特殊画笔，依然使用地面颜色，在自行车与巴士后面绘出扬尘，如图 12-57 所示。

图 12-57

54 打开画笔预设，选择喷笔，并将画笔模式改为"颜色减淡"，按住【Alt】键将画笔转换为吸管工具，吸取骑车的人物各部分的颜色进行各部分的提亮。将人物头盔、面部、衣服、背包等提亮后，将画笔模式改为"叠加"，按住【Alt】键将画笔转换为吸管工具，吸取巴士的暗部颜色，将巴士的一些暗部以及车内的人物的暗部强调一遍，如图 12-58 所示。

图 12-58

55 单击【菜单栏】>【滤镜】>【锐化】>【智能锐化】，将巴士的车身以及车身上的刮痕锐化，如图 12-59 所示。

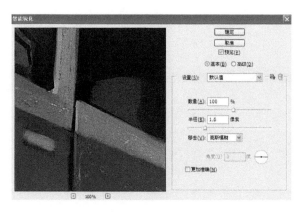

图 12-59

221

56 最后，单击【工具箱】>【魔棒工具】或使用快捷键【W】打开"魔棒工具"，用以将巴士的两个车灯框选出，使用快捷键【Ctrl+J】复制产生新图层。鼠标左键双击该图层，打开图层样式，勾选"斜面和浮雕"，并调节"深度"、"大小"、"软化"等选项。勾选"内阴影"，调节"不透明度"、"距离"、"大小"等选项。设置完毕后单击"确定"，整幅作品就算完成了，最终效果如图 12-60 所示。

图 12-60

12.3 本章小结

　　本章讲解并演示的插画为以自然为背景的卡通插画，在绘制的过程中，由于插画是背景与人物相辅相成的，因此需要先确定背景的分布并从背景开始起稿，再根据布景安排人事物在画面中的位置及大小，整体协调合适后以相同的进度进行绘制、上色、细化等。

橱柜的秘密——
卡通插画设计演示（三）

第**13**章

看完了两个室外的场景人物插画，接下来的第三个案例示范，我们将学习室内的场景插画设计，学习如何表现空间感。

13.1 橱柜的秘密绘制流程

　　这幅"橱柜的秘密"的绘制过程概括起来可以分为四个阶段：起稿与黑白色稿、外轮廓的修整与初步细化、上色、细化。此幅画作在起稿时首先要体现出空间感，区分出橱柜内外，由近到远的视觉感。根据这个效果，起稿后马上填充黑白色便于观察和调节，边添加设计边对其外轮廓进行修整，并粗略地进行细化，整体造型都确定后，开始逐步上色。最后，对画面中所有物体进行外轮廓以及明暗、高光的细化和添加。

◆第一阶段：起稿与黑白色稿

　　绘制步骤：首先，单击【菜单栏】>【文件】>【新建】或使用快捷键【Ctrl+N】打开"新建"，创建一块新的空白画布。将画布填充为灰色，这样做的目的是在长时间作画下，画布的颜色不会刺眼造成眼疲劳。打开画笔预设，选择一个合适的画笔用于作画。开始的起稿状态，不需要细节，因此我们将画笔放大，使用大笔触，先将脑中的设计大致绘出，着重点在于布景。整个画面的设计大致画出并确定位置准确后，使用喷笔对图像进行以黑白灰作为明暗关系的填色，如图13-1所示。

图 13-1

◆第二阶段：外轮廓的修整与初步细化

　　绘制步骤：使用快捷键【Ctrl+J】复制并新建一个图层，将橱柜内的瓶子利用黑白灰三大面的关系，画出立体感和通透感，并将所有物体都添加上反光。将画笔的模式改为"颜色减淡"，降低画笔的不透明度，将靠外的橱柜部分以及橱柜之外的部分提亮。将画笔模式改为"正常"，使用灰色涂抹瓶身使其降低明度。再将画笔模式改为"正片叠底"，并把画笔的不透明度稍微提高，将橱柜的最内部的暗部加深，形成里外的对比。最后将画笔模式改为"颜色减淡"，将瓶身的高光点出。初步细化人物的面部五官，设计出发型及面部装饰物。在瓶子中添加一些独特的设计，丰富整体画面，显得不单调。单击"新建"创建一个空白图层，打开画笔预设，选择一个带有混凝土效果的特殊画笔，在右边的墙壁上均匀涂抹，营造出

图 13-2

粗糙墙面的效果，并用喷笔将人物面部细化，涂抹均匀、平整、柔和，如图13-2所示。

◆第三阶段：上色

　　绘制步骤：使用快捷键【Ctrl+J】复制并新建图层。将画笔模式改为"颜色"，打开拾色器，选择颜色，均匀涂抹在画布上，可多种颜色叠加覆盖，形成冷暖对比并表现出色彩的多样性。上色过程中需要使用各种调色工具对颜色进行调整，以寻求最为合适的配色方案。将画笔模式改为"颜色减淡"，将人物背后的背景打亮，并将人物的面部适当提亮。将各个瓶子也补上固有色调的高光，使用"色相/饱和度"，调节各项数值至合适位置，降低画面整体明度，如图13-3所示。

图 13-3

◆第四阶段：细化

　　绘制步骤：使用快捷键【Ctrl++】放大画布，将焦点集中在中间的大瓶子上。由于上一步骤中降低了整体的明暗，因此需要再次将高光和亮部表示出来。按住【Alt】键将画笔转换为吸管工具，吸取周围的颜色，打开拾色器，选择比吸取的颜色饱和度、明度更高的颜色，用于瓶子内部的亮部。将画笔模式改为"颜色减淡"，绘出瓶身与内部的高光。按住空格键拖动画布，将焦点集中在人物的面部，简单细化其眼睛，并给眼镜框填充颜色。按住空格键，拖动画布，将焦点集中在人物的面部，打开拾色器，选择一个暖色，用喷笔打在鼻部使其立体感增强。细化各个瓶子内的物体，瓶子都当做圆柱体，绘出黑白灰三面，注意明暗交界线的位置和处理。不同材质的瓶子，例如玻璃的和易拉罐，需要细化出不同质感。按住【Alt】键将画笔转换为吸管工具，

图 13-4

吸取中间大瓶子的暖色调，在橱柜的地面上，瓶子与瓶子的缝隙间，绘出照射进来的光线，被瓶子遮挡住的地方注意画出投影，如图13-4所示。

13.2　橱柜的秘密的设计演示

　　接下来演示的插画绘制实例为一幅室内的情景插画，绘制要点是注意空间感的表达以及狭小的空间内明暗关系的处理。

▶▶ **13.2.1 橱柜的秘密初稿的设计**

01 首先，需要先创建一块画布用以绘画。单击【菜单栏】>【文件】>【新建】或使用快捷键【Ctrl+N】，创建一块新的空白画布，如图 13-5 所示。

图 13-5

03 打开画笔预设，选择一个合适的画笔用于作画。开始的起稿状态，不需要细节，因此我们将画笔放大，使用大笔触，先将脑中的设计大致绘出，着重点在于布景，如图 13-7 所示。

02 打开拾色器，选择一个合适的灰色作为前景色，单击确定，单击【菜单栏】>【编辑】>【填充】或使用快捷键【Shift+F5】或【Alt+ 退格键】，将整块画布填充上选择的灰色，如图 13-6 所示。

图 13-6

图 13-7

04 将整个画面的设计大致画出并确定位置准确后，打开画笔预设，选择喷笔，并将画笔模式改为"正片叠底"，将画面中的暗部表示出来。再将画笔模式改为"颜色减淡"，将其亮面绘出，如图13-8所示。

05 在绘画过程中，需要多次对其色彩、明暗等进行调节，以达到最合适的效果。单击【菜单栏】>【图像】>【调整】>【曲线】或使用快捷键【Ctrl+M】打开"曲线"对话框，调整图像的明暗对比至合适程度，单击【确定】即可，如图13-9所示。

图 13-8

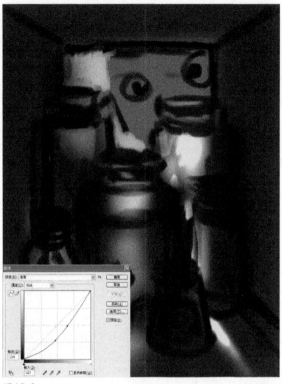

图 13-9

06 使用快捷键【Ctrl+J】复制产生新图层，将橱柜内的瓶子利用黑、白、灰三大面的关系，画出立体感和通透感，并将所有物体都添加上反光，如图13-10所示。

图 13-10

07 将画笔的模式改为"颜色减淡",降低画笔的不透明度,将靠外的橱柜部分以及橱柜之外的部分提亮。将画笔模式改为"正常",使用灰色涂抹瓶身使其降低明度。再将画笔模式改为"正片叠底",并把画笔的不透明度稍微提高,将橱柜的最内部的暗部加深,形成里外的对比。最后将画笔模式改为"颜色减淡",将瓶身的高光点出,如图 13-11 所示。

图 13-11

09 再次翻转画布,审视画面。单击【工具箱】>【套索工具】或使用快捷键【L】打开"套索工具",将右边的大瓶子的上半部分圈出,使用快捷键【Ctrl+J】复制产生新图层,将圈出部分下移,使瓶子整体变矮,选择原来图层,用画笔将原来瓶子的上半部分与背景融合,使用快捷键【Ctrl+E】合并两图层,如图 13-13 所示。

08 单击【工具箱】>【矩形选框工具】或使用快捷键【M】打开"矩形选框工具",将整个画面框选,右击选择"自由变换"或使用快捷键【Ctrl+T】打开"自由变换",右键单击,选择"水平翻转",审视整个画面的合理性与协调性。单击【工具箱】>【套索工具】或使用快捷键【L】打开"套索工具",将需要修改的部分框选出,使用快捷键【Ctrl+J】复制产生一个图层,移动其位置至合适部分,完成后合并两图层,如图 13-12 所示。

图 13-12

图 13-13

10 使用快捷键【Ctrl++】放大画布，将焦点集中在人物的面部。初步细化人物的面部五官，设计出发型及面部装饰物，如图 13-14 所示。

图 13-14

11 使用快捷键【Ctrl++】放大画布，将焦点集中在中间最大的瓶子处。如果整个画面的瓶子都是空的，会使作品显得单调缺乏创意，因此，需要在瓶子中添加一些独特的设计。将设计的物体画在瓶子的中间部分，也是属于起稿状态，放大画笔不需要精细，表达出轮廓和设计理念即可，如图 13-15 所示。

图 13-15

12 单击【工具箱】>【套索工具】或使用快捷键【L】打开"套索工具"，将画面中间的大瓶子的上半部分一点一点地准确圈出，单击【工具箱】>【画笔工具】或使用快捷键【B】打开"画笔工具"，将画笔模式改为"正片叠底"，将瓶子圈出部分的暗部绘出。单击"新建"建立一个空白图层，按【Alt】+退格键将框选区域填充前景色，如图 13-16 所示。

图 13-16

13 将框选区域在新图层填色的目的是，为了之后能直接选出瓶子的区域，而不用再重新框选。单击【工具箱】>【魔棒工具】或使用快捷键【W】打开"魔棒工具"，在黑色区域单击即可将此黑色部分全部框选，隐藏该图层，可以看见同样区域的下一图层的瓶子部分也被框选出，单击【工具箱】>【画笔工具】或使用快捷键【B】打开"画笔工具"，将画笔模式改为"颜色减淡"，将该区域的亮部绘出，如图 13-17 所示。

图 13-17

➤➤ 13.2.2 橱柜的秘密画面的修整与明暗绘制

14 再次单击【工具箱】>【套索工具】或使用快捷键【L】打开套索工具，将画面中间的大瓶子靠近瓶口的一部分圈出，使用快捷键【Ctrl+J】复制产生新图层。移动复制到新图层的部分，直至位置合适。将此部分再次框选，右击选择"自由变化"或使用快捷键【Ctrl+T】打开"自由变换"，对所选区域进行变形，如图 13-18 所示。

图 13-18

16 单击【菜单栏】>【图像】>【调整】>【曲线】或使用快捷键【Ctrl+M】打开"曲线"对话框，调节整个画面的明暗对比，如图 13-20 所示。

图 13-20

15 使用快捷键【Ctrl++】放大画布，将焦点集中在右边空余处，用画笔设计并绘制出一个易拉罐，并表示出大致明暗和反光。拖动画布，将焦点集中在左边靠外的瓶子上，将画笔模式改为"正片叠底"，在瓶子内设计出内容物，如图 13-19 所示。

图 13-19

17 用画笔工具，按住【Alt】键转换成吸管工具，吸取周围的可用颜色，一边吸取一边绘画，将画面中的瓶子的光影绘出。按住空格键拖动画布，将焦点集中在小老鼠上，修整其外轮廓，并按照同样的方法将其基础光影表示出，如图 12-21 所示。

图 13-21

18 单击【工具箱】>【套索工具】或使用快捷键【L】打开 "套索工具"，将小老鼠沿着外轮廓圈出，使用快捷键【Ctrl+J】复制产生新图层。鼠标点选之前的底图，将小老鼠前面的瓶子继续添加光影，由于此图层在复制的小老鼠图层的下方，因此任何操作不会对复制的小老鼠产生影响。选择复制的图层，重新将小老鼠框选出，右击选择 "自由变换" 命令或使用快捷键【Ctrl+T】打开 "自由变换"，按住 shift 键等比例缩小小老鼠体积，再次右击选择 "变形"，改变其形体，如图 13-22 所示。

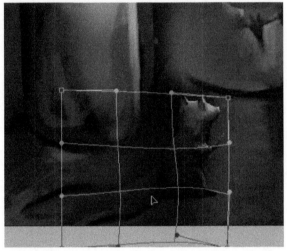

图 13-22

20 单击【工具箱】>【套索工具】或使用快捷键【L】打开 "套索工具"，将小老鼠沿着外轮廓框选出，使用快捷键【Ctrl+J】复制产生新图层，按住【Ctrl】键拖动复制的小老鼠至其他位置，选择之前的底图，吸取原来小老鼠周围的颜色，用画笔将其涂抹掩盖，如图 13-24 所示。

图 13-24

19 单击【菜单栏】>【图像】>【调整】>【曲线】或使用快捷键【Ctrl+M】打开 "曲线" 对话框，调整小老鼠的明暗。吸取尾巴以及前腿周围的颜色，将尾巴和前腿掩盖至消失，重新绘制更为合适的尾巴与前腿，如图 13-23 所示。

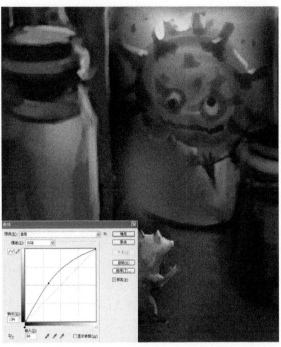

图 13-23

21 将画笔模式选为 "颜色减淡"，用喷笔将所有瓶子的高光点出。使用快捷键【Ctrl++】放大画布，将焦点集中在小老鼠身上，单击【工具箱】>【橡皮擦工具】或使用快捷键【E】打开 "橡皮擦工具"，将小老鼠周边的多余部分擦去。单击【工具箱】>【画笔工具】或使用快捷键【B】打开 "画笔工具"，在画面略空处添加设计，如图 13-25 所示。

图 13-25

22 按住空格键拖动画布，将焦点集中在左边的小老鼠上，将其明暗大致的表现出，并添加胡须等细节。拖动画布，改变焦点至右边的小老鼠上，将其与罐头的外轮廓准确绘出，如图 13-26 所示。

23 打开画笔预设，选择一个合适的带有皮肤效果的特殊画笔，用于中间大瓶子内的怪物的材质表现。再打开画笔预设，选择另一个合适的带有皮肤效果的特殊画笔，用于最左边靠外的瓶子内怪物的材质表现，如图 13-27 所示。

图 13-26

图 13-27

24 单击"新建"创建一个空白图层，打开画笔预设，选择一个带有混凝土效果的特殊画笔，在右边的墙壁上均匀涂抹，营造出粗糙墙面的效果。单击【工具箱】>【套索工具】或使用快捷键【L】打开"套索工具"，将墙面的效果框选出，右击选择"自由变换"或使用快捷键【Ctrl+T】打开"自由变换"，改变其形状大小直至将墙面填充完整，如图 13-28 所示。

25 使用快捷键【Ctrl++】放大画布，将焦点集中在右侧中间的瓶子上，空瓶子略显单调，因此需要在和其他瓶子一样在内部添加设计。大致绘出内容物后，细化几个靠前的占据主要视线的大瓶子的瓶盖，使它们的瓶盖表面平整并添加一些纹路，如图 13-29 所示。

图 13-28

图 13-29

26 将能设计内容物的大瓶子都画出设计，不能画内容物的小瓶子都把设计放在外观上。注意瓶子内部的设计也需要表现出黑白灰三面，如图 13-30 所示。

27 将画笔模式改为"颜色减淡"，打开画笔预设，选择合适的喷笔，将所有瓶子的高光点出，如图 13-31 所示。

图 13-30

图 13-31

28 使用快捷键【Ctrl+J】复制产生新图层。右击【工具箱】>【套索工具】，选择"多边形套索工具"，将墙面的上半部分沿着边缘框选出，单击"新建"建立一个空白图层，将前景色调为黑色，按【Alt+ 退格键】将框选出的部分填充上前景色，便于之后步骤的框选。将此新建图层隐藏，选择之前的图层，右键单击画面，选择"反选"，用喷笔将人物面部涂抹均匀、平整、柔和，如图 13-32 所示。

图 13-32

➤➤ 13.2.3 橱柜的秘密细化过程

29 使用快捷键【Ctrl+J】复制产生新图层。将画笔模式改为 "颜色"，打开拾色器，选择颜色，均匀涂抹在画布上，可多种颜色叠加覆盖，形成冷暖对比并表现出色彩的多样性，如图 13-33 所示。

30 单击【菜单栏】>【图像】>【调整】>【色彩平衡】或使用快捷键【Ctrl+B】打开 "色彩平衡" 对话框，将 "保持明度" 的勾去掉，分别对 "高光"、"中间调"、"阴影" 进行调节，如图 13-34 所示。

图 13-33

图 13-34

31 将画笔模式改为 "颜色减淡"，将人物背后的背景打亮，并将人物的面部适当提亮。将各个瓶子也打上固有色调的高光，如图 13-35 所示。

32 单击【菜单栏】>【图像】>【调整】>【色相/饱和度】或使用快捷键【Ctrl+U】打开 "色相/饱和度" 对话框，调节各项数值至合适程度，如图 13-36 所示。

图 13-35

图 13-36

33 使用快捷键【Ctrl++】放大画布，将焦点集中在中间的大瓶子上，用画笔将其瓶身与瓶盖的暗部强调出来。将画笔模式改为"颜色减淡"，把各个瓶子的高光以及瓶子内部物体的高光适当点出。单击【菜单栏】>【图像】>【调整】>【色彩平衡】或使用快捷键【Ctrl+B】打开"色彩平衡"对话框，将"保持明度"的选项勾去掉，分别对"高光"、"中间调"、"阴影"进行调节，如图 13-37 所示。

图 13-37

34 单击【菜单栏】>【图像】>【调整】>【色相 / 饱和度】或使用快捷键【Ctrl+U】打开"色相 / 饱和度"对话框，调节各项数值至合适位置，如图 13-38 所示。

图 13-38

35 使用快捷键【Ctrl++】放大画布，将焦点集中在中间的大瓶子上。由于上一步骤中降低了整体的明暗，因此需要再次将高光和亮部表示出来。按住【Alt】键将画笔转换为吸管工具，吸取周围的颜色，打开拾色器，选择比吸取的颜色饱和度、明度更高的颜色，用于瓶子内部的亮部。将画笔模式改为"颜色减淡"，绘出瓶身与内部的高光。按住空格键拖动画布，将焦点集中在人物的面部，简单细化其眼睛，并给眼镜框填充颜色，如图 13-39 所示。

图 13-39

36 按住空格键，拖动画布，将焦点集中在人物的面部。按住 Alt 键，将画笔转换为吸管工具，吸取面部中间调的颜色，将面部的笔触处理的均匀柔和，再吸取暗部颜色，将各个角落的暗部都绘出。调整画笔模式为"正片叠底"，打开拾色器，选择一个暖色，用喷笔打在鼻部使其立体感增强，如图 13-40 所示。

图 13-40

37 拖动画布，将焦点集中在最左边的瓶子上。细化瓶子里的物体，将面向光源处的一面全都涂抹出高光，并在反面画出反光。露出液体表面的部分，亮部要比浸在液体内的部分要更亮。细化出瓶口的木塞，将其当作圆柱体，绘出黑白灰三面，注意明暗交界线的位置和处理，如图 13-41 所示。

图 13-41

38 右击画面选择"自由变换"或使用快捷键【Ctrl+T】打开"自由变换"，再右击选择"水平翻转"将画布水平翻转，以审视画面的协调性。单击【菜单栏】【滤镜】【液化】打开"液化"工具，使用"向前变形工具"，对图中不合理、不协调的地方进行轻微调整，如图 13-42 所示。

图 13-42

39 右击画面选择"自由变换"或使用快捷键【Ctrl+T】打开"自由变换"，再右击选择"水平翻转"将画布水平翻转，将画面调为之前的朝向。细化罐头盒子的外轮廓，使其平整规则。把罐头右边的小瓶子的瓶身笔触细化柔和，将瓶盖用不同颜色分出层次并且明暗分明，凸显出立体感，如图 13-43 所示。

图 13-43

41 将画笔模式改为"颜色"，把右边玻璃瓶的瓶盖涂抹上前景色，将画笔模式改回正常。按住空格键，拖动画布，将焦点集中在左边靠外的瓶子上。用画笔将其内部物体细化出斑点纹路，注意斑点的明暗也需要表现出来。拖动画布至中间最大的瓶子处，将其眼周细化成与身体其他部分有区别的块面。再次拖动画布至右边的瓶子，将其底部虚化的瓶底补全，如图 13-45 所示。

图 13-45

40 按住空格键，拖动画布，将焦点集中在最右边的易拉罐上。将画笔模式改为"颜色"，打开拾色器，选择红色，将易拉罐均匀上色。注意罐身和罐顶的暗部，及材质的反光，如图 13-44 所示。

图 13-44

42 按住【Alt】键，将画笔转换为吸管工具，吸取中间大瓶子的暖色调，在橱柜的地面上，瓶子与瓶子的缝隙间，绘出照射进来的光线，被瓶子遮挡住的地方注意画出投影，如图 13-46 所示。

图 13-46

43 将橱柜顶部细化出颜色和明暗的层次感，与两侧面的衔接处添加直线高光，与暗部形成对比，凸显出立体感。使用快捷键【Ctrl++】放大画布，将焦点集中在人物的面部，细化头发、镜框与五官，嘴唇上亮下暗，嘴下方的投影注意绘出，如图 13-47 所示。

图 13-47

44 将中间大瓶子的瓶盖画出瓶子内部的部分，并注意内部的部分瓶盖颜色要深于外部的部分。再将焦点转移至左边靠外的瓶子上，细化其瓶盖。此瓶盖设定为金属材质，因此暗部和高光的对比需要特别明显，如图 13-48 所示。

图 13-48

45 按住空格键，拖动画布，将焦点集中在中间的小瓶上。按住【Alt】键将画笔转换为吸管工具，吸取周围的可用颜色，将小瓶的外观改为透明瓶子，里面设计出液体等，注意在其侧面及液体表面都添加反光，如图 13-49 所示。

图 13-49

46 按住空格键，拖动画布，将焦点集中在嘴左右靠内的瓶子上。细化其木塞瓶盖，强调黑白灰面，并在对光面添加高光。使用快捷键【Ctrl++】放大画面，将焦点移至左边靠外的瓶子上，在瓶内部距离瓶盖不远处绘出一个横截面，横截面的用色与瓶身略有不同，并在边缘处添加反光，营造出装有液体的效果。将内部物体本身与身上花纹的反光绘出，如图 13-50 所示。

图 13-50

47 按住空格键，拖动画布，将焦点转移至人物面部。细化人物的耳朵，使其大小合适位置准确。单击【工具箱】>【套索工具】或使用快捷键【L】打开套索工具，将人物的嘴圈出，使用快捷键【Ctrl+J】复制并新建图层，按住【Ctrl】键，将复制至新图层的嘴移动到合适的位置，选择之前的图层，用画笔吸取皮肤的颜色，将原来的嘴部掩盖除去，如图 13-51 所示。

图 13-51

49 按住空格键，拖动画布，将焦点集中在中间的小瓶子上。将画笔模式改为"叠加"，打开拾色器选择一个暖色，均匀涂抹在瓶身上。单击【工具箱】>【套索工具】或使用快捷键【L】打开"套索工具"，将瓶盖整个圈出，使用快捷键【Ctrl+J】复制产生新图层，按住【Ctrl】键移动复制图层的瓶盖部分，将其移至恰当位置，如图 13-53 所示。

图 13-53

48 将这些图层之上的隐藏图层取消隐藏，将显示出填充在橱柜顶部的那一部分黑色，选择该图层，单击【工具箱】>【魔棒工具】或使用快捷键【W】打开"魔棒工具"，在黑色区域内单击即可将此部分框选出，圈出后，再次隐藏该图层，选择之前的色稿图层，单击【工具箱】>【画笔工具】或使用快捷键【B】打开"画笔工具"，将画笔模式改为"颜色减淡"，在框选出的橱柜顶部和侧面绘出亮部，如图 13-52 所示。

图 13-52

50 将画笔模式改为"正常"，拖动画布，将焦点转移至中间的大瓶子上，对瓶内物体再添加设计，使瓶中内容更加丰富。打开拾色器，选择灰白色，当作高光色使用，将瓶盖附近反光都点出，如图 13-54 所示。

图 13-54

51 拖动画布，把焦点集中在罐头上，继续使用灰白色作为高光，将罐头盖的高光点出，特别是掀开的翘起部分，用灰白色沿着边缘勾勒一遍作为反光。拖动画布，将焦点转移至左边的小老鼠上，略微修饰一下外轮廓后，用画笔竖向涂抹其身体，制造毛绒感，细化尾巴及眼睛后，本幅画作到此就完成了，最终效果如图 13-55 所示。

图 13-55

13.3 本章小结

　　本章通过演示实例，阐述了卡通插画的绘画流程以及设计思路。任何插画，在绘制的第一步中，都必须先交代背景，因为插画的特点就在于，背景和人、事物的结合，因此，先营造一个整体的气氛，再去设计其中的人物造型等，可以有效提高效率与整幅画作的契合度。

CGWANG 动漫教育

游戏设计全科班　　96周课程（两年制）

　　游戏设计全科班是为期两年的综合课程，课程分为四大模块。第一模块是手绘，学习内容包含大师素描、色彩、基本绘画理论等各种基础美术绘画和动漫游戏相关绘画。第二模块是原画，学习概念设计，为后期的游戏美术制作提供依据。第三模块是游戏设计，全方位学习3ds Max角色及场景制作的整套流程，次世代完整角色制作。第四模块是游戏特效，全面系统地学习游戏特效、AE、MAX，并结合Unity的shader，来实现并掌握高端的3D特效。

游戏开发就业班　　32周课程

　　全面学习Unity3d游戏引擎开发。从零开始学起，课程由简单的C#控制台编程开始，学习变量、函数、类。学习Unity3d的地形编辑、摄像机控制、Unity3d物理控制、使用C#编程语言进行Unity3d编程、Unity3d粒子开发系统、Unity3d寻路系统、使用NGUI制作界面、跨平台发布作品。

游戏设计就业班　　36周课程

　　全方位学习3ds Max角色及场景制作的整套流程，包括ZB造型训练，多边形角色创建，角色的布线分析，模型UV解析及展开，人物/盔甲/衣服等角色相关的纹理分析及绘制，次世代完整角色制作。布料解决，毛发解决，骨骼与肌肉变形解决方案，运动规律学习，手K动画技术，各种游戏常规动作学习，影视级表情制作方法，最终完成自己漂亮的个人作品。

游戏特效就业班　　28周课程

　　全面系统地学习游戏特效，首先通过学习MAX、AE、PS等软件基础，掌握基本的动画、模型的构建，以及贴图的制作，然后深入了解AE、MAX，并结合插件，来实现游戏里常见的2D场景、道具及技能的特效。接着学习引擎技术，并结合Unity的shader，来实现并掌握高端的3D特效。

影视动画全科班　　96周课程（两年制）

　　影视动画全科班是为期两年的综合课程，课程分为四大模块。第一模块是手绘，学习各种基础美术绘画和动漫游戏相关绘画。第二模块是原画，概念设计的最终目的是确定要创作的影视动画作品的美术风格，并为后期的动画提供依据。　第三模块是影视动画，全方位学习MAYA角色及场景制作的整套流程，包括造型训练、角色创建、纹理分析及绘制。布料、毛发、骨骼与肌肉变形解决方案，各种影视常规动作学习，影视级表情制作方法。第四模块是影视特效，深入解析二维后期特效，MAYA三维特效的制作。整个课程从MAYA动画各个基础模块的学习过渡到特效的制作，达到行业的要求。

影视动画就业班　　36周课程

　　全方位学习MAYA角色及场景制作的整套流程，包括ZB造型训练，多边形角色创建，角色的布料分析，模型UV解析及展开，人物/盔甲/衣服等角色相关的纹理分析及制作，布料解决，仿真毛发解决，角色骨骼与肌肉变形解决方案，仿真肢体动画制作技巧，电影级表情的制作方法，最终完成自己漂亮的个人作品。

影视特效就业班　　28周课程

本课程涵盖了动画、影视、游戏三大特效行业的学习，深入解析二维后期特效，MAYA三维特效的制作。整个课程从MAYA动画各个基础模块的学习过渡到特效的制作，特效课程主要针对粒子、流体、刚体、毛发、布料、后期几大模块进行重点突破，使学生课后能够真实地模拟爆炸，破碎等VFX影视特效，达到行业的要求。当完成后期课程后，学员能够掌握电影特效和影视追踪及合成的制作方法。

建筑室内外表现全科班　　24周课程

通过系统全面地学习建筑室内表现相关的知识内容，培养建筑表现与动画行业的优秀人才。学员毕业时将掌握建筑室内表现及建筑特效相关知识，完成建筑室内表现、虚拟现实、建筑室内表现后期处理等与建筑表现相关的工作。教师在学习过程中采用公司化的高强度训练模式，指导学员完成毕业设计，达到建筑表现与动画行业要求的标准。

平面电商UI全科班　　24周课程

本课程将艺术与设计有机结合，全面、系统地学习平面设计师所需的制作技术。学习UI界面设计的规范。图形、图标等移动媒体用户界面风格与整体架构的规划设计。用实战实例使学习者掌握Web UI和独立平台、移动媒体设计的技巧，以及电子商务网站的规划、设计、建设和产品美化。使学员学会全局构思与规划，提高对设计流程的控制能力、掌握交互设计能力，完成多媒体互动站点、门户网站的规划与建设，胜任互联网络媒体设计领域职位。

原画概念设计长期班　　24周课程

概念设计的最终目的是要确定一款游戏的美术风格，并为后期的游戏美术制作提供依据，概念设计师要能根据游戏策划的游戏需求，把自己的设计想法清晰、准确地表达出来。概念设计往往不拘泥于细节，着重表现游戏的氛围、世界观等宏观因素。游戏概念设计工作往往需要大量的资料寻找。直到绘画出整个制作团队满意的作品。

插画设计长期班　　24周课程

本课程主要学习色彩及电脑绘画相关的技巧，让学生在有限的时间里掌握商业插画绘画技法，插画角色及其配件的贴图绘制，电影MATTE-PAITTING技法中大场景的绘制。通过科学合理的课程安排，使学生对之后的插画基础造型乃至将来的运动规律学习提供理论基础，明确学习目的，达到了解插画、对插画概念有一个正确清晰的认识、形成插画设计意识并且能够掌握学习插画的方法。

漫画设计长期班　　24周课程

漫画设计是一种艺术形式，是用简单而夸张的手法来描绘生活或时事的图画。漫画家们一般运用变形、比拟、象征、暗示、影射的方法，构成幽默诙谐的画面或画面组，以取得讽刺或歌颂的效果。常采用夸张、比喻、象征等手法，讽刺、批评或歌颂某些人和事，具有较强的社会性。也有纯为娱乐的作品，娱乐性质的作品往往存在搞笑型和人物创造（设计一个作者所虚拟的世界与规则）两种。

联系我们

成都校区：cd.cgwang.com	广州总部：gz.cgwang.com.cn	西安校区：xian.cgwang.com
电　话：4008-238-028	电　话：4000-636-114	电　话：4000-773-909
地　址：成都市锦江区大业路 古卧龙桥街成物大厦17楼	地　址：广州市海珠区晓港中 马路134号自编C-1	地　址：西安市雁塔区电子二路 36号青松公寓一层

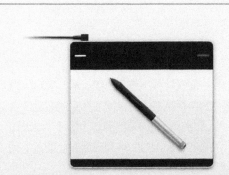

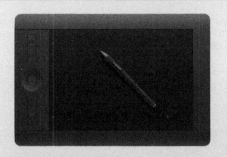